Walburga Schillinger
Charlotte Pohse

BAUERNGARTEN *Glück*

ulmer

Walburga Schillinger
Charlotte Pohse

BAUERNGARTEN Glück

ERNTEN UND GENIESSEN RUND UMS JAHR

INHALTSVERZEICHNIS

JULI & AUGUST
Aus dem Vollen schöpfen

SEPTEMBER & OKTOBER
Wunderbare Erntezeit

NOVEMBER & DEZEMBER
Jetzt kehrt Ruhe ein

EINFÜHRUNG

Erfahren Sie, wie wir zum Bauerngarten kamen, warum das Prinzip Bauerngarten auch heute noch zeitgemäß ist und wie Sie dieses Buch in Ihrem Garten unterstützen kann.

WALBURGA SCHILLINGER – *Wie alles anfing*

Einen Garten anzusäen, Gemüse anzupflanzen und das Geerntete auch zu verarbeiten, davon träumen heute viele und suchen auch Wege, diesen Traum zu verwirklichen. Dabei sind die Überlegungen mit Sicherheit genauso vielschichtig wie die Menschen selbst. Es geht um Selbstversorgung, um den „Luxus“, frische Lebensmittel vor Ort zu haben, und die damit verbundene Unabhängigkeit. Je länger und bewusster man sich mit dieser Materie beschäftigt, desto intensiver gehen die Intentionen auch in andere Richtungen. Man setzt dem allgegenwärtigen Kommerz, den wachsenden Müllhalden und der Verarmung der Landschaft ganz praktisch und selbstbestimmt etwas entgegen. Gärten sind schön, bunt, nützlich und bereichern unsere Lebenswelt in Stadt und Land. Es sind Paradiese und Rückzugsorte, die einen wieder auf das wirklich Wichtige im täglichen Leben hinführen, eine gesunde Ernährung für die Familie.

Ich selbst bin in die Gartenarbeit eigentlich eher „reingeschlittert“. Als junge Frau, eingeheiratet auf einen Vollerwerbsbetrieb im Mittleren Schwarzwald, war ich zunächst mit den kleinen Kindern beschäftigt. Die Zubereitung des Mittagessens für sechs, später acht Personen wurde mir gerne von Anfang an überlassen. Der Garten konnte noch von meiner Schwiegermutter Maria und deren Mutter bestellt und gepflegt werden. Mit dem Nachlassen ihrer Kräfte fiel mir in diesem Bereich immer mehr zu. Das praktische Wissen dazu habe ich von ihnen gelernt. In der Ländlichen Hauswirtschaft wird zwar auch Gartenbau unterrichtet – etwas erzählt zu bekommen oder es selbst zu tun, sind aber eben doch zwei völlig verschiedene Stiefel. Diese Erkenntnis hat nun mein Leben bestimmt. Ich hatte Spaß an dieser neuen Tätigkeit, habe nebenbei viel zum Thema gelesen und noch mehr ausprobiert. Maria ließ mich gewähren, als ich den Garten auf Mischkultur umstellte. Fortan sollte auch kein Kunstdünger mehr verstreut werden, was sich allerdings zunächst als schwierig in der Durchsetzung erwies. Von Anfang an habe ich ein „Gartentagebuch“ geführt und alles hineingeschrieben, was mich interessierte, und natürlich auch die Ergebnisse meiner Probierfelder festgehalten.

Walburga im Garten.

Walburgas Gärten rund um den Höfenhof. Die alte Hofstelle liegt auf einem ganztägig besonnten Höhensattel im Schwarzwald.

Hier oben auf 550 m gedeiht „fast“ alles, womit die Familie zu einem Großteil selbstversorgt werden kann. Kühe und Schweine liefern Fleisch und ihr Mist ergibt wertvollen Humus. Enten kümmern sich um die Schnecken, Bienen sorgen für die Bestäubung und den Honig. Wir leben mit der Natur, den Jahreszeiten und den damit verbundenen Gesetzmäßigkeiten. Ich liebe meine Arbeit und bin gerne Bäuerin, ich kann mir nichts anderes vorstellen. Diese Begeisterung hat mich dazu bewogen, meinen Garten stetig zu erweitern. Inzwischen befinden sich innerhalb der großen Hofstelle von 10 000 qm neben dem Hofgebäude noch traditionelle landwirtschaftliche Nebengebäude wie Speicher oder Backhaus. Dazwischen liegen Streuobstwiesen, ein vielfältiger Beerengarten, der große historische Gemüsegarten, ein separater Kräutergarten, ein Krautland, ein Samengarten und einige Staudenbeete. Es ist ein tolles Gefühl, beim Mittagessen zu sagen: das kommt alles aus unserem Garten.

Inzwischen gibt es auch die Möglichkeit, bäuerliche Gemüsegärten zu besichtigen. Zusammen mit anderen Gärtnerinnen habe ich die Bauerngarten-Route im Schwarzwald gegründet. Wir möchten garteninteressierten Mitmenschen die Gelegenheit geben, im Austausch mit der Bäuerin Ideen und Tipps für den eigenen Garten mitzunehmen. Wissen und Input, das Lust machen soll, eine eigene bunte Oase vor der Haustüre anzulegen. Zudem bin ich als leidenschaftliche Sortenerhalterin für alte und regionale Gemüsesorten intensiv mit Samenbau beschäftigt. Die eigene Saatgutgewinnung deckt mittlerweile etwa 85 Prozent der angebauten Kulturen ab.

CHARLOTTE POHSE – *Vom Wachsen und Werden*

In meiner Kindheit gab es an wechselnden Wohnorten immer große Gärten mit viel Platz zum Toben, Beerennaschen und Gemüsebeeten, die wir mitpflegen durften. Während meines Studiums in Freiburg hatte ich ein kleines „Fernbeziehungs-Gemüsebeet" in einem Garten an den Ausläufern des Spessarts. Das 3 × 7 m große, eher chaotische Experimentierbeet deckte erstaunlicherweise trotz fröhlicher Unübersichtlichkeit und gelegentlicher Ausfälle einiges an Gemüse- und Salatbedarf ab. Und es bot sogar noch Platz für erste Experimente mit der Saatgutgewinnung von diversen Blumen und Gemüsepflanzen. Das überzeugte selbst den im Restgarten für Ordnung und kurzen Rasen sorgenden Vermieter. Vor allem aber war es mit das Schönste, in den Semesterferien Stadt und Studentenwohnheim zu entkommen und buchstäblich im Dreck zu buddeln.

Charlotte im Garten.

Diese allerersten Gartenerfahrungen wurden ergänzt von meinem Nebenjob im Garten- und Landschaftsbau, der mich in zahlreiche Gärten in und um Freiburg brachte, und von meiner Arbeit in der Gärtnerei und Sämerei einer Dorfgemeinschaft für Menschen mit geistiger Behinderung. Zusätzlich durfte ich an einer intensiven und inspirierenden Fortbildung zur biologisch-dynamischen Gemüsezüchtung teilnehmen.

Parallel zur Entstehung dieses Buches bekamen mein Mann und ich nicht nur zweifachen Familienzuwachs, sondern auch die Möglichkeit, als Mieter in einer kleinen Wohngemeinschaft ein altes Häuschen in Ortslage mit ca. 1 000 qm Garten und betagtem Obst- und Nussbaumbestand zu renovieren. So floss das praktische Tun, die Neugestaltung und Nutzungsplanung eines bereits bestehenden Gartens unmittelbar in die theoretische Beschäftigung des Schreibens ein.

Nach dem übersichtlichen Beginn mit schlichtem Umstechen von 32 qm Wiese und Anlegen eines Gemüsebeetes hat sich die Anbaufläche unter anderem durch Terrassierung der sonnigen Maintal-Hanglage auf aktuell 50 bis 60 qm nutzbare Fläche erweitert, auf der Gemüse, Kräuter und Blumen gedeihen. Außerdem kommen immer mehr Erdbeerbeete und Beerensträucher dazu. Neben Schubkarre, Hacke und Grabegabel, sind mir dabei mein 2-jähriger Sohn (der sich für alles, was mit Dreck und Ernten zu tun hat, fürchterlich begeistern kann) und seine 6 Monate alte Schwester (die meist von meinem Rücken aus alles geduldig erträgt) treue und mal mehr, mal weniger hilfreiche Begleiter.

Trotz dieser Erfahrungen im Haus- und Erwerbsgartenbereich, stehe ich insgesamt sicherlich noch am Anfang, sozusagen in der gärtnerischen Experimentier- und Ausprobierphase, in der vieles blauäugig, holterdiepolter angegangen wird und nicht selten erstaunlich gut, manchmal aber auch ganz und gar nicht gelingt. Vieles ist noch nicht selbstverständlich, sondern muss erarbeitet, erprobt und immer wieder nachgelesen und erfragt werden. Langfristig träume ich von weitgehender Selbstversorgung, eigener Saatgutvermehrung mit Züchtungsversuchen und möglichst viel Nahrung und Unterschlupf für Insekten und Kleingetier.

Charlottes Garten rund um ein kleines Haus in Ortslage – mit vielen alten Bäumen und immer mehr Gemüsebeeten.

VORWORT *von Charlotte Pohse*

Ein Begriff wie der „Bauerngarten“ mutet heutzutage fast schon archaisch an. Es klingt nach leicht musealer Atmosphäre mit zentralem Wegkreuz und hinter Buchshecken Unkraut zupfenden Großmüttern. Aber auch, wenn sich heutige Gärten und Gartenbewegungen mit anderen, zeitgemäßen Namen schmücken, geht es im Kern doch oft um dasselbe: eigenes Gemüse anbauen, sich spritzmittelfrei, saisonal, unabhängig und vielfältig ernähren – und nicht zuletzt um den Spaß am Tun.

Bauerngärten waren und sind auf eine langfristige Nutzung, über Generationen hinaus, angelegt. Kreislaufwirtschaft und kleinbäuerliche Selbstversorgungswirtschaft ergaben sich oft schlicht schon durch die (begrenzten) Gegebenheiten. So fand sich dementsprechend viel praktisches Wissen zur Erhaltung der Bodenfruchtbarkeit und Pflanzengesundheit. Mit dem Wandel in der Landwirtschaft und der allgegenwärtigen Dauerverfügbarkeit von Saatgut und Lebensmitteln gingen nicht nur zahlreiche Bauerngärten, sondern auch das vorhandene Wissen verloren. Ein Nutzgarten schien überwiegend nur noch mit Arbeit verbunden zu sein. Dennoch gibt es sie noch, die Bauerngärtnerinnen im klassischen Sinne, die neben ihrer Tätigkeit im bäuerlichen Betrieb einen Gemüsegarten bestellen, den sie von der Mutter oder Schwiegermutter übernommen haben – zusammen mit uraltem, bewährten Gartenwissen.

Eine solche überzeugte Bauerngärtnerin ist Walburga Schillinger, die sich und ihre Familie seit Jahrzehnten selbst versorgt und rund um den alten Schwarzwaldhof ein stetig wachsendes (Nutz-)Gartenparadies und Refugium für zahlreiche Pflanzen und Tiere geschaffen hat. Seit vielen Jahren gibt sie ihre Erfahrungen an Interessierte weiter – sei es am Tag des offenen Bauerngartens, bei Hofführungen, Gartenfahrten oder in Fachartikeln. Ich durfte Walburga und den Höfenhof während der Recherchearbeiten zu meiner Masterarbeit über die Bauerngartenkultur in Südbaden kennenlernen. Als weit vernetzte Gärtnerin und engagierte Ehrenamtliche vermittelte sie mir zahlreiche Kontakte zu anderen Bauerngärtnerinnen und war in vielen Fragen stets hilfreiche Ansprechpartnerin. Aus dieser Bekanntschaft und gegenseitiger Sympathie hat sich die Zusammenarbeit für dieses Buch ergeben. So ist es gleichzeitig ein Gemeinschaftsprojekt geworden, das zwei Generationen und Erfahrungswelten von Gärtnerinnen zusammenbringt – ergänzt und wunderbar vervollständigt durch die Fotos und Anregungen von Christiane Bach. Gärtnern lebt vom Austausch über dem Gartenzaun, vom gemeinsamen Fachsimpeln, dem Austausch an Erfahrungen, Saatgut und Pflanzen. Im besten Falle finden auch Sie als Leser in diesem Buch durchs ganze Jahr hindurch zu allen Gartenthemen Antwort auf brennende Fragen, Anleitung für verschiedene Tätigkeiten und Anregung für eigene Gartenexperimente.

Aus eigener Erfahrung und Gartenpraxis heraus: Man kann vom Bauerngarten viel lernen. Fern vom Bildbandklischee geht es darum, mit einfachen, vorhandenen Mitteln und Materialien, orientiert an den örtlichen Gegebenheiten und bei möglichst geringem zeitlichem Input eigene Nahrungsmittel anzubauen. Frei von Chemikalien und langen Transportwegen und ohne dabei den Spaß am Gärtnern und den Sinn fürs Schöne aus den Augen zu verlieren!

Diese Freude am Gärtnern und eben auch das nötige Wissen dazu zu vermitteln, ist die Absicht des vorliegenden Buches. Alles, was in diesem Buch beschrieben wird, ist selbst erprobt und hat sich oft schon über Jahre bewährt. Wenn es Sie beim Lesen beständig in den Fingern juckt und sie eigentlich nur noch mit dem Buch in der Hand raus in den Garten und loslegen wollen, dann wären wir schon hochzufrieden.

SO LESEN SIE DIESES BUCH

Bevor das Buch ein ganzes Gartenjahr durchwandert, führt der erste Teil zunächst Schritt für Schritt zum eigenen Garten. Von der Planung bis zur Umsetzung wollen wir Ihnen darin das nötige Wissen für die Verwirklichung Ihrer Gartenträume und -ideen an die Hand geben und dazu noch einige grundsätzliche, allgemeine Hinweise zur Gartenbewirtschaftung vermitteln. Wie der Garten selbst orientiert sich der Hauptteil des Buches am Jahreslauf mit seinen unterschiedlichen und wiederkehrenden Tätigkeiten und Anforderungen.
Die Kalendermonate sind paarweise in sechs Monatsteilen zusammengefasst. In jedem Monatsteil erfahren Sie, was aktuell an Arbeiten im Garten ansteht und wie sie durchgeführt werden. Die Gartenarbeit ist geprägt vom Jahreskreis und seinen wiederkehrenden und neuen Impulsen. So finden sich auch in den Monatsteilen wiederkehrende Überschriften mit jeweils monatsspezifischen Inhalten:

GARTENPRAXIS
im Bauerngarten

Hier finden Sie alles, was Sie zur Beetplanung, Vorbereitung und Orientierung für kommende Arbeiten brauchen.

DIE EIGENE KINDERSTUBE
Alles über Samen, Säen & Anzucht

Dreht sich um die richtige Aussaat, Zeitpunkte, Samenernte und Sortenfragen.

AB IN DEN BODEN!
Arbeiten im Garten rund ums Jahr

Jetzt gehts raus in die Beete! Alle wichtigen Tätigkeiten im Gemüsebeet – aber auch im Kräuter-, Blumen- und Beerenobstgarten – finden Sie hier.

ZUM LESEVERSTÄNDNIS

In diesem Buch berichtet Walburga Schillinger aus ihrer Perspektive. Beiträge von Charlotte Pohse sind entsprechend gekennzeichnet.

CHARLOTTES MISCHKULTURBEET
Monat für Monat

Durchs ganze Jahr begleitet Sie Charlottes kleines Mischkulturbeet, zum einfachen Nachmachen und individuellen Abwandeln.

DO IT YOURSELF!
Charlottes und Walburgas Gartenideen

Hier gibt es Tipps und Anleitungen zum Selbermachen von Nützlichem und Schönem im und für den Garten.

DIE GUTEN INS TÖPFCHEN
Ernten & Rezeptideen

Weil zum Gärtnern untrennbar auch das Ernten und Verarbeiten der eigenen Gartenfrüchte gehört, beschäftigt sich dieser Teil mit dem richtigem Erntezeitpunkt, verschiedenen Konservierungsmöglichkeiten und einfachen, bewährten und saisonalen Rezepten.

WAS DIE OMA SCHON WUSSTE
Wertvolles Wissen wiederentdeckt

Hier erwartet Sie altes Gärtnerwissen, das schon der Oma im Garten zu reicher Ernte und gesunden Pflanzen verholfen hat.

Schritt für Schritt zum eigenen Garten

Gemüse, Kräuter und Obst aus dem eigenen Garten ernten ist kein Hexenwerk! Wir zeigen Ihnen Schritt für Schritt, worauf es bei der Anlage und Gestaltung eines Nutzgartens ankommt und geben Ihnen das notwendige Wissen für eine möglichst reiche Ernte mit.

BESTANDSAUFNAHME

Grundsätzlich kann man auch als Laie oder Gartenneuling einen Garten neu planen beziehungsweise einen vorhandenen umgestalten. Worauf es ankommt, sind einige Überlegungen vorab und etwas Zeit und Geduld. Wenn es Sie bereits in den Fingern juckt und Sie am liebsten sofort loslegen und alles umgraben wollen, halten Sie noch einen Moment inne, denn der erste Schritt bei der Gartengestaltung sollte immer eine Bestandsaufnahme sein.

Das Grundstück

Das Grundstück bildet den Rahmen des Gartens und gibt bestimmte Bedingungen vor, die unmittelbaren Einfluss auf die Anlage und Pflege eines Gartens haben. Folgende Punkte spielen eine wichtige Rolle für die Gartengestaltung:

In Gärten mit Hanglage erleichtert eine zunächst aufwendige Terrassierung (wie hier in Charlottes Garten) die Bewirtschaftung langfristig ungemein.

→ **In welcher Höhenlage befindet sich das Grundstück?** Je höher das Grundstück, umso wichtiger ist die Einbeziehung von Windschutz und Wärmefallen. Höhe und Region erlauben oft auch eine Aussage zu den Gesteinsarten (Urgestein), auf denen der Gartenboden gegründet ist. Wer es ganz genau wissen will, kann sich bei den regionalen Landwirtschaftsämtern informieren.

→ **Wie ist die Geländeoberfläche (Topografie) des Grundstücks?** Ebenes Gelände ist ideal zum Bearbeiten, man kommt mit der Schubkarre überall hin und Unwetter schwemmen den kostbaren Gartenboden nicht weg. Dafür muss man sich aber tiefer bücken und in Senken kann teilweise nach starkem Regen das Wasser stehen bleiben. In ebenen und sehr windreichen Regionen sind außerdem Hecken und Schutzpflanzungen essenziell. Hanglagen trocknen nach Regen besser ab, sind aber schwieriger zugänglich und Unwetter schwemmt am Hang gerne den Boden weg. Extrem steiles Gelände ist nur durch eine Terrassierung nutzbar.

→ **Wie sehen Bebauung und Bewuchs des Grundstücks aus?** Es kann die Gartenplanung erleichtern, wenn man sich einen einfachen Plan zeichnet. Am besten fertigt man eine Skizze des Grundrisses an und zeichnet bereits vorhandene Bäume, Sträucher, Wege oder ähnliches ein. Hilfreich ist es auch, die Größe des geplanten Beetes an der vorgesehenen Stelle mit Schnur und Stöcken abzustecken oder einfach mit Sand aufzuzeichnen.

→ **Wenn bereits ein Beet vorhanden ist, wie ist sein Zustand?** Verunkrautet ist ein ungenutztes Beet schon nach einem Jahr. Brennnessel, Vogelmiere oder Melde bekommt man in den Griff, den ausbreitungsfreudigen Giersch wird man nur schwer wieder los (siehe Seite 166).

Ein gesunder, humoser Gartenboden ist die Grundlage für nachhaltiges Gärtnern und dauerhafte Ernteerfolge.

Der Boden *mit Charlotte*

Der Boden ist die Grund- und Ausgangslage allen gärtnerischen Schaffens. Nur ein gesunder Boden kann auch dauerhaft gesunde (Nutz-)Pflanzen hervorbringen. Es lohnt sich also, den eigenen Gartenboden genauer unter die Lupe zu nehmen und sich mit seinen Eigenschaften vertraut zu machen, um Fruchtbarkeit und Ertrag gezielt fördern zu können. Mit seiner Vielzahl an Mikroorganismen (Kleinstlebewesen) ist der Boden ein äußerst lebendiges Gefüge, das den Pflanzen nicht nur Halt gibt und sie mit Wasser und Nährstoffen versorgt, sondern darüber hinaus mit ihnen im ständigen Austausch steht.

Grundsätzlich ist das, was wir gärtnerisch tatsächlich als „Boden" nutzen und verstehen, eigentlich nur die oberste Schicht eines tiefreichenden Gebildes, das sich in fortwährenden Auf- und Abbauprozessen befindet. Zwischen dem Grundgestein, auf dem sich Ihr Gartenboden gründet und den obersten 30 bis 40 cm, die Sie mit ihrem Spaten oder der Grabegabel durchdringen, verlaufen horizontal noch einige weitere sogenannte Bodenhorizonte. In der Regel werden Böden von oben nach unten in ihren Bildungsprozessen beeinflusst, sei es durch Niederschläge, den Eintrag von Stoffen oder die mehr oder weniger intensive Bodenbearbeitung. Dies führt dazu, dass sich oft über Jahrtausende verschiedene Schichten oder Bereiche übereinander abgelagert haben. Wichtig für die Gartenpraxis ist das Grundsatzverständnis davon, dass der Gartenboden mehr ist als seine sichtbare Oberfläche. Unabhängig von wissenschaftlichen Analysen, kann man mit ein paar einfachen Untersuchungen ein gutes Bild davon bekommen, mit was für einem Boden man es im eigenen Garten zu tun hat.

Die Bodenart feststellen

Vielleicht sind Ihnen die Begriffe „schwere" und „leichte Böden" auch schon einmal begegnet? Schwer oder leicht bezieht sich vor allem auf die Bearbeitungsfreundlichkeit. Der Feinboden ohne Grobanteile wie Steinchen baut sich aus (der Korngröße nach ansteigend) Ton, Schluff und Sand auf. Lehm bezeichnet das Gemisch aus allen drei sogenannten Bodenarten. Der Traum jedes Gärtners wäre ein mittelschwerer Lehmboden, locker, humos, mit gutem Wasserspeichervermögen und leicht zu bearbeiten.

Um herauszufinden, wie es um ihren Gartenboden bestellt ist, machen Sie die Fingerprobe: Nehmen Sie dazu eine Handvoll Gartenerde, zerreiben Sie sie zwischen den Händen und sammeln Sie verbleibende Grobanteile heraus. Rollen Sie eine walnussgroße Menge des gewonnenen Feinbodens im „Normfeuchtezustand" in den Händen etwa bleistiftdick aus und zerreiben Sie sie zwischen den Fingern. Mithilfe der Tabelle können Sie Ihren Gartenboden einschätzen. Die Bodenart lässt Rückschlüsse auf verschiedene ökologische Eigenschaften des Bodens zu. So nehmen mit der Korngröße auch die Wasserdurchlässigkeit, Durchwurzelung, Durchlüftung und die Bearbeitungsfreundlichkeit ab. Gleichzeitig steigern sich Porenvolumen, Nährstoffgehalt und Wasseraufnahmevermögen.

Sandböden („leichte Böden“) lassen sich grob als lockere, luftige, leicht zu bearbeitende Böden mit geringem Wasserspeichervermögen und eher niedrigem Nährstoffgehalt charakterisieren. **Tonböden** („schwere Böden“) sind schwer und zeichnen sich durch ein größeres Wasserspeichervermögen und einen höheren Nährstoffgehalt aus. Dafür verfügen sie über wenig Sauerstoff und sind mühselig zu bearbeiten. Wenn es nass ist, kleben tonige Böden an den Arbeitsgeräten und verschlemmen, bei Trockenheit werden sie schnell steinhart und rissig.

Zwischen diesen beiden Extremen liegen **Lehmböden** („mittelschwere Böden“), sie vereinen jeweils die Vorteile von

BODENARTBESTIMMUNG MITTELS FINGERPROBE

Fingerprobe / Bodenart	zwischen den Fingern zerreiben	formen und rollen	in der Hand verschmieren
Sand	Einzelkörner fühlbar (rau, Schmirgelpapier), sichtbar (Körnergröße) und hörbar (Knirschen)	nicht formbar, zerrieselnd	nicht beschmutzend
Schluff	mehlig, Sichtbarkeit von Staub beim Händeklatschen nach Zerreiben	nicht oder kaum form- und ausrollbar	haftet in Fingerrillen und Handflächen
Ton	Reibe-/Gleitflächen glänzend und glatt	gut formbar, zu dünnen Würstchen ausrollbar	schmierig, stark beschmutzend
Lehm	Einzelkörner sicht- und fühlbar, viel Feinsubstrat	form- und etwa bleistiftdick ausrollbar, danach zerbröckelnd	beschmutzend

Ton- und Sandböden und sind deshalb das erstrebte Ziel eines jeden Gärtners. Wie kommen Sie nun zu so einem idealen, gut zu bearbeitenden, luftigen und nährstoffreichen Gartenboden? Hier gilt die alte Gärtnerweisheit: „Humus bindet lockere Böden und lockert bindige Böden.“

Die Lösung ist in beiden Fällen vor allem Humusaufbau durch regelmäßige Kompostgaben, Gründüngungspflanzen und eine gute Fruchtfolge. Sandige Böden, die ein sehr geringes Wasserspeichervermögen aufweisen und im Sommer extrem schnell austrocknen, profitieren von einer den Boden bedeckenden Mulchschicht, die vor zusätzlicher Verdunstung nach oben schützt und die Feuchtigkeit möglichst lange im Boden hält. Schwere Tonböden sollten im Herbst einmal gut umgegraben beziehungsweise zumindest intensiv gelockert werden, um über den Winter nicht zu stark zu „verpappen“. Auf besonders tonigen Böden kann es außerdem helfen, Sand in den Boden einzuarbeiten, um ihn lockerer und bearbeitungsfreundlicher zu machen.

Den pH-Wert ermitteln

Die Bodenfruchtbarkeit ist neben dem Humusgehalt und der Wasser- und Nährstoffversorgung auch von der Kalkversorgung abhängig. Sie lässt sich indirekt über die Messung des pH-Wertes ermitteln. Dieser gibt an, wie sauer oder basisch ein Boden chemisch gesehen ist. Liegt der pH-Wert über 7 spricht man von basischen oder alkalischen Böden, darunter von sauren Böden. Ein pH-Wert von 7 ist neutral. Die meisten Pflanzen fühlen sich auf neutralen bis schwach sauren Böden am wohlsten. Es gibt aber auch Arten wie etwa Kulturheidelbeeren, die saure Böden zum optimalen Wachstum benötigen. Der pH-Wert lässt sich sehr einfach mittels eines pH-Bodentests aus dem Gartenfachhandel bestimmen und lässt einen Rückschluss auf die Kalkversorgung zu. Diese beeinflusst die

Verfügbarkeit von Nährstoffen für die Pflanzen, das heißt ein zu hoher oder zu niedriger Wert kann dazu führen, dass eigentlich vorhandene Nährstoffe im Boden nicht oder nur schlecht verfügbar sind.

Das A und O für einen gesunden, langfristig ertragreichen Gartenboden ist neben dem Humusaufbau eine abwechslungsreiche Fruchtfolge und Mischkultur. Wer vielfältig gärtnert und seinen Boden mit gezielten Düngegaben, Gründüngungspflanzen oder Anbaupausen die entzogenen Nährstoffe zurückgibt, beugt von Anfang an einer einseitigen Bodenauslaugung und damit einhergehenden Problemen mit Fruchtbarkeit und Pflanzengesundheit vor.

Jahreszeitliche Beobachtung

Der Gartenbau in unseren Breiten wird maßgeblich vom Wechsel der Jahreszeiten und ihren spezifischen Wetterphänomenen und Eigenheiten beeinflusst. Im Garten anstehende Arbeiten und Wachstumsbedingungen für Gemüse, Kräuter und andere Pflanzen orientieren sich an den naturgegebenen jahreszeitlichen Schwankungen. Niederschlag, Temperatur, Frostgefahr, Trockenheit und Stürme sind keine ganzjährlich konstanten Ereignisse, sondern variieren je nach Jahreszeit. Was bedeutet das konkret für Ihre Gartenanlage? Im besten Falle nehmen Sie sich, nach der Absteckung des Beetes an der augenscheinlich sonnigsten Stelle, ein Jahr lang Zeit, ihr Grundstück zu beobachten.

Auf Folgendes sollten Sie dabei achten:

→ **Verlauf der Sonne:** Die meisten Gemüse brauchen volle Sonne, außer ein paar heimischen Arten wie Mangold oder Kohl, die gerne etwas schattiger stehen. Grundsätzlich: der sonnigste Platz im Garten gehört dem Gemüse! In niederen Regionen ist ein Beet mit Morgen- und Abendsonne perfekt.

→ **Niederschlag und extreme Wetterereignisse:** Mit der Klimaveränderung verändern sich langjährig relativ konstante Parameter wie jährliche Niederschlagsmenge und Durchschnittstemperatur. Extreme Wetterereignisse wie Stürme, Starkregen, lange Trockenperioden und abrupte Temperatureinbrüche nehmen zu. Ein Problem im Sommer sind starke Unwetter oder über einen längeren Zeitraum anhaltende Regenperioden. Gleichzeitig stellen wir in manchen Gegenden einen Anstieg an extrem heißen Tagen ohne Niederschläge fest. Bewässerungsmöglichkeiten sollten gegeben sein, außerdem ist eine spezielle Pflanzenauswahl und Standortwahl wichtig.

→ **Schneeschmelze:** Wie lange bleibt Schnee auf meinem ausgesteckten Stück liegen, war er an anderer Stelle früher weg? An diesen Stellen ist die Sonneneinstrahlung am intensivsten, gerade im Winter oder Vorfrühling. Das ist der beste Platz für ein Gemüsebeet, eventuell auch eine ideale Stelle für einen geplanten Frühbeetkasten.

→ **Frostereignisse:** Wann gibt es zum ersten Mal Frost im Herbst und wann das letzte Mal im Frühjahr? Es macht Sinn, solche Daten zu dokumentieren. Daraus lässt sich ableiten, wann normalerweise die Zeit gekommen ist, mit dem Gärtnern draußen anzufangen.

Wanderung von Licht- und Schattenbereichen über ein abgestecktes Wiesenstück in Charlottes Garten. Gemüse benötigt den sonnigsten Platz im Garten.

➔ **Wind:** Die Intensität und Kühle der Winde ist von Höhe, Region und Jahreszeit abhängig. In höheren Lagen ist es wichtig, die Hauptwindrichtung auszubremsen. Eventuell muss der Standort des Beetes nochmal verlegt werden, Häuser und Hecken können als Windfänger genutzt werden. Je höher, desto kälter sind die Winde und desto schlechter ist es für wärmebedürftiges Sommergemüse.

➔ **Zeigerpflanzen:** Ab dem Frühling einfach mal schauen, was auf dem unbestellten, abgesteckten Gartenstück von selbst wächst. Zeigerpflanzen geben schon einen ersten Eindruck, wie die Zusammensetzung und die Versorgung des Grundstücks sind, um was für einen Bodentyp es sich handelt und wie der Zustand der oberen Schichten zu beurteilen ist.

DEN GARTEN PLANEN *mit Charlotte*

Im zweiten Schritt geht es darum, sich selbst zu fragen, was man sich eigentlich vom eigenen Garten erhofft und welche Zwecke und Aufgaben der Garten letztlich erfüllen soll.

Wie viel Platz ist überhaupt da?

Falls Sie das nicht im ersten Schritt schon ausführlich gemacht haben, ist es jetzt wichtig, das Grundstück anzuschauen und sich mit Zollstock und Schnur klar zu machen, wie viel Raum wirklich für Beet(e), Beerensträucher oder Obstbäume vorhanden ist.

Selbst versorgen ja, aber wie umfangreich?

Soll der Garten in der Sommersaison die Küche mit frischem Grün bereichern oder rund ums Jahr Gemüse, Salat und Kräuter und am besten auch Obst abwerfen? Wie viele Personen ernähren sich von den Gartenerzeugnissen? Man rechnet pro Person bei teilweiser Selbstversorgung vor allem für den Frischverzehr mit etwa 25 qm. Dabei gehe ich neben Salaten, Gemüse, Kräutern und Blumen auch von ein bis zwei Beerenhochstämmchen aus. Für die weitgehende Selbstversorgung sollten etwa 150 bis 200 qm pro Person veranschlagt werden, die Frischgemüse, Lagergemüse, Kartoffeln, Beeren und Obstbäume umfassen. Dazu kommen noch Kompostmiete, Wasserstelle und Wege, je nach Gestaltung. Aber auch wenn der eigene Garten für die Selbstversorgung zu klein ist: Platz für das Lieblingsgemüse oder Beerenobst zum Naschen findet sich immer!

Was außer ernten will ich noch von meinem Garten?

Stichwort konkurrierende Nutzungen – neben Gemüsebeeten sollen vielleicht auch noch alle möglichen Zierpflanzen Platz im Garten finden. Außerdem brauchen die Kinder Raum zum Toben. Irgendwo muss auch noch eine Sitzecke hin, ein Liegestuhl oder die Gartenbank. Nutzungsmöglichkeiten gibt es viele und es macht durchaus Sinn, sich vor dem ersten Spatenstich zu überlegen, was alles an Pflanzen und Aktivitäten im Garten Platz finden soll und wo eventuell Abstriche oder Kompromisse gemacht werden müssen.

Wie viel Zeit kann und will ich für den Garten investieren?

Eigentlich möchte sich wahrscheinlich jeder möglichst gesund ernähren, am besten gleich aus dem eigenen Garten. Aber selbst, wenn Fläche vorhanden ist, fehlt den meisten von uns einfach die Zeit, neben Beruf, Familie und sonstigen Verpflichtungen auch noch jeden Tag im Garten zu arbeiten. Aber wer mit einer gewissen Unordnung und Naturdynamik leben kann, sollte sich durch begrenzte Zeit alleine nicht gänzlich vom Gärtnern abhalten lassen. Wichtig ist, sich realistisch klar zu machen, wofür Zeit und Energie reichen.

Ein Garten ist selten nur zum Ernten da. Neben dem Gärtner haben meist auch noch andere Vorstellungen von der Gartengestaltung und -nutzung.

In diesem Zusammenhang der grundsätzliche Rat, lieber klein anzufangen. Das heißt, mit einem kleinen Beet oder Gartengrundstück und im ersten Jahr vielleicht mit drei bis fünf verschiedenen Gemüsearten Erfahrungen zu sammeln. Planen Sie das Beet am besten so, dass es bei späterem Bedarf leicht vergrößert oder ergänzt werden kann.

Auch in einem kleinen Gemüsegarten kann man allerhand ernten und anbauen.

VON DER IDEE ZUR ERNTE

Blick über den Zaun – nicht perfekt, aber zu jeder Jahreszeit schön: ein Gemüsegarten, angepasst an die Bedürfnisse der Gärtnerin und die vorhandenen Gegebenheiten.

Einen Garten neu anzulegen ist machbar, aber eine Herausforderung. Wenn Sie noch keine Gartenerfahrung haben, muten Sie sich zu Beginn nicht zu viel auf einmal zu. Machen Sie kleine Schritte und fangen Sie erst mal mit einem kleinen Stück an. Mit den Jahren kommen Erfahrung und Begeisterung, dann sind Erweiterungen automatisch vorprogrammiert.

Kleinklima im Garten

Bevor Sie jetzt direkt zum Spaten greifen, möchte ich Ihnen noch ein paar Tipps mit auf den Weg geben, die Sie vor unliebsamen Überraschungen oder Frustrationen bewahren können. Ein Beet ist immer eingebettet in einen größeren Zusammenhang. Ob es sich mitten auf einer ebenen, grünen Wiese befindet, in Hanglage oder umgeben von Sträuchern, Bäumen oder Gebäuden: Stets beeinflusst die Umgebung des Beetes seine kleinklimatischen Bedingungen – und damit auch das Pflanzenwachstum. Die meisten unserer empfindlichen Kulturpflanzen brauchen für optimales Wachstum sonnige, vor starken Winden und Temperaturschwankungen geschützte Standorte. Im Gegensatz zu den robusten Wildpflanzen, die mit Wind und Wetter schon immer auch ohne Gärtnerhilfe klarkommen mussten. Beachten Sie deshalb bei der Gartengestaltung die Stichpunkte Windbremsen und Kleinklimaförderung.

Bewährt als Windbremse haben sich Pflanzungen zu einer gemischten, zweireihigen Hecke in unterschiedlichen Höhenabstufungen. Wir haben Blüten- und Wildbeerensträucher gepflanzt, zum Beispiel Felsenbirnen, Wolliger Schneeball oder Kartoffelrosen. Um eine lückenlose Luftbremse zu haben, stehen um die Gemüsebeete noch hohe Stauden wie Phlox, Sonnenhut oder Herbstastern, an den Beeträndern dann teilweise zusätzlich Kräuterreihen aus Salbei, Lavendel, Oregano oder Schnittlauch.

Bei uns sind die austrocknenden Winde im Sommer ein zusätzliches Problem, denn die Pflanzen verdunsten deutlich mehr Wasser. Um nicht zu vertrocknen, werden viele Poren geschlossen, was schlussendlich auch weniger Wachstum bedeutet. Der Wind trocknet nicht nur die Böden aus, sondern fördert auch einige Schädlinge, wie Erdflöhe.

So können Sie sich ganz praktisch helfen:

- **Bei genügend Platz: eine Windschutzhecke pflanzen und/oder einen hohen Staudengürtel um die Beete anlegen**
- **Stangenbohnen oder eine Erbsenhecke am Beetrand bremsen die Hauptwindrichtung aus**
- **Hohe und niedere Kulturen abwechseln – Mischkulturplanung**
- **Offene Böden mit einer dünnen Mulchschicht schützen**

Die Sprache der Pflanzen

Um den Boden Ihres Grundstückes besser einschätzen zu können, lohnt es sich, die Sprache der Pflanzen zu lernen. Die ursprüngliche, heimische Pflanzengemeinschaft Ihres Grundstückes kann Ihnen verraten, um welche Art Boden es sich handelt, wie sein Zustand ist und welche Nährstoffe er enthält. Um dies zu beurteilen, sind Kenntnisse über Standortbedingungen der Pflanzen unabdingbar. Ein guter Bestimmungsratgeber ist dabei sehr hilfreich (siehe Seite 188).

Allgemein schauen wir uns zunächst immer die am konkreten Standort vorkommenden Pflanzen genauer an. Anhand von vier bis sechs Charakterpflanzen – häufig vorkommende, für einen bestimmten Standort charakteristische Arten – versuchen wir dann, eine Einschätzung vorzunehmen. Um eine gültige Aussage zu treffen, sollten mindestens zwei der für den jeweiligen Standorttyp beschriebenen Pflanzen am betrachteten Ort vorkommen. Zur Beurteilung wird der Standort in ein System von sechs möglichen Bereichen eingeordnet: nährstoffreich, mager, sauer, kalkhaltig, feucht oder trocken. Nicht immer ist die Zuordnung eindeutig: So kann ein trockener Standort auch gleichzeitig mager sein. Umgekehrt gibt es auch Pflanzen, die mit mehr als einem Standorttyp zurechtkommen.

GUT ZU WISSEN

Hecken bremsen die Luft, Mauern verwirbeln sie nur, um dann verstärkt auf der anderen Seite den Boden zu treffen.

Kleinklima in Walburgas Gemüsegarten: Hecken als schützende Windbremse sind ideal für anspruchsvolle und windempfindliche Beetpflanzen.

EINTEILUNG DER ZEIGERPFLANZEN

Standorttyp	Zeigerpflanzen
Nährstoffreich	Wiesenkerbel (*Anthriscus sylvestris*), Löwenzahn (*Taraxacum officinalis*), Stumpfblättriger Ampfer (*Rumex obtusifolius*), Giersch (*Agopodium podagraria*), Gewöhnliche Kratzdistel (*Cirsium vulgare*), Vogelmiere (*Stellaria media*), Brennnessel (*Urtica dioica*)
Mager	Echtes Labkraut (*Gallium verum*), Kleines Habichtskraut (*Hieracium pilosella*), Rundblättrige Glockenblume (*Campanula rundifolia*), Margarite (*Chrysanthemum leucanthemum*), Karthäuser Nelke (*Dianthus carthusiaorum*)
Sauer	Sauerampfer (*Rumex acetosa*), Heidelbeere (*Vaccinium myrtillus*), Heidekraut (*Calluna vulgaris*), Bärwurz (*Meum arthamanticum*), Ackerhundskamille (*Anthemis arvensis*)
Kalkhaltig	Wiesensalbei (*Salvia pratensis*), Männliches Knabenkraut (*Orchis mascuula*), Kleiner Wiesenknopf (*Sanguisorba minor*), Echte Schlüsselblume (*Primula veris*)
Feucht	Ackerschachtelhalm (*Equisetum arvense*), Kriechender Hahnenfuß (*Ranunculus repens*), Wiesenschaumkraut (*Cardamine pratensis*), Schlangenknöterich (*Polygonum bistorta*), Scharbockskraut (*Ranunculus ficaria*), Huflattich (*Tussilago farfara*)
Trocken	Echtes Johanniskraut (*Hypericum perforatum*), Vogelknöterich (*Polygonum aviculare*), Frauenmantel (*Alchemilla xanthochlora*), Schafgarbe (*Achillea millefolium*)

Das Beet anlegen

Die grundlegenden Arbeiten sollten Sie im Herbst durchführen, sodass im Frühling ein pflanzfähiges Beet zur Verfügung steht. Bewährt hat sich eine Anfangsgröße von 3 × 4 m oder eine gleich auf Beetgröße festgelegte Einteilung von 1,20 m Breite × 3 m Länge. Dieses Maß lässt sich mit einem Rasenweg dazwischen beliebig erweitern. Die Beetränder werden nun mit einem Spaten abgestochen. Das geht am besten, wenn Sie die Grasnarbe würfelartig abstechen und die ca. 10 bis 20 cm hohen Soden fürs Erste auf die Seite legen. Die darunterliegenden Bodenschichten lockern Sie mit einer Grabegabel und lesen dabei Steine und Wurzelunkräuter heraus. Mit der restlichen Beetfläche verfahren Sie ebenso. Nun drehen Sie die herausgestochenen Grassoden um und setzen sie gleichmäßig in Reihen wieder auf das neu entstandene Beetstück. Dabei wird die Grasnarbe nach unten gedreht. Eine aus organischen Materialien bestehende Flächenkompostierung wird dick aufgebracht. Sie dient als deckende Mulchschicht, um die Feuchtigkeit in trockenen Wintern im Boden zu halten, die Bodenlebewesen vor Kälte zu schützen und gleichzeitig das Auflaufen von Unkraut zu unterdrücken. Für diese Schicht eignet sich alles, was im Garten an verrottbaren Materialien zu finden ist: Falllaub der Bäume, der letzte Rasenschnitt, Mist von Tieren, Heu, Gemüseabfälle und als Rottebeschleuniger Beinwell- und Brennnesseltriebe.

Als nächstes mischt man die Schicht mit Holzasche und Gesteinsmehl. Das gesamte Material wird dann auf das umgegrabene Beet verteilt und ca. 15 bis 20 cm dick aufgeschichtet. Je feiner und kleiner die Stoffe sind, desto schneller verläuft die Rotte. Im Frühjahr werden Sie noch ein paar grobe Pflanzenteile vorfinden, ansonsten aber einen gut bepflanzbaren Gartenboden.

Beetgewinnung durch Mulchen

Eine sehr unkonventionelle Art, an ein Pflanzbeet zu gelangen, ist das Arbeiten mit Mulchschichten ohne vorhergehendes Umstechen. Das Prinzip ist einfach: Erde, Wiese oder Rasen werden mit verschiedenen geeigneten Materialien zugedeckt. Nach Abstecken der Beetgröße decken Sie die Fläche mit Heu

Im Herbst mit Strohmist gemulchtes Beet in Charlottes Garten.

oder Gras dick ab, das heißt gut 30 cm. Mit Kartonagen oder einer Folie funktioniert es auch. Wichtig: Die Grasnarbe muss die ganze Zeit über lichtdicht abgedeckt sein und das Material mindestens 6 Monate deckend liegen bleiben, wenn nötig sollten Sie auch nachschichten.

Am besten beginnen Sie im März mit dem Abdecken. Anfang September schieben Sie dann das verbleibende Mulchmaterial zur Seite und verwenden es an anderer Stelle als Mulch oder kompostieren es. Zum Vorschein kommt die blanke Erde. Sie markieren die Beetränder mit dem Spaten, hacken die Erde auf und jäten dabei gewissenhaft alle Wurzelunkräuter heraus, wenn noch welche darin sind. Dann säen Sie die Fläche mit einem Gründünger ein. Ideal ist die Gründüngungspflanze *Phacelia*, denn sie ist mit keiner Gemüsefamilie verwandt. Die Fläche wird so mit Nährstoffen angereichert. Später im Herbst, wenn die ersten starken Fröste die Pflanzen absterben lassen, sollte das Beet nochmals mit Flächenkompost abgedeckt werden. Im nächsten Frühjahr steht das Beet zur Pflanzung bereit. Diese Möglichkeit der Urbarmachung haben wir schon ein paar Mal angewandt. Bei schwer verunkrauteten Flächen lohnt es sich, die Mulchschichten auch länger liegen zu lassen und zusätzlich Kartonagen darunter zu legen. Wenn Sie wenig oder kein geeignetes Mulchmaterial zur Verfügung haben, eignen sich auch schwarze, mit Steinen beschwerte Folien. Die ganze Zeit über müssen Sie darauf achten, dass die abgedeckte Grasnarbe „ausgehungert" wird, also kein Licht, keine Luft und keine Nährstoffe erhält. Besonders geeignet sind dafür leichte Böden mit höherem Sandanteil.

GUT ZU WISSEN

Kartoffeln sind die perfekte Vorkultur für neue Gärten. Durch die tiefe Bodenbearbeitung bei der Pflanzung und das spätere Hacken werden die Bodenschichten mehrmals gelockert. Eine Mulchschicht über den Sommer unterdrückt das Unkraut und behält die Feuchtigkeit im Boden.

VON DER BRACHE ZUM GEMÜSEACKER

In menschlichen Siedlungsbereichen finden einige Pflanzen perfekte Bedingungen. Sie kommen immer wieder, treten in Massen vor allem auf brachliegenden Flächen auf und einige wird man nie wieder los. Umgangssprachlich werden sie eigentlich fast immer als Unkräuter bezeichnet. Das Interessante dabei ist: Sie erzählen uns bei genauerer Betrachtung ganz viel über unsere Gartenböden und auch über unser Tun. Ich arrangiere mich auf einigen Flächen mit ihnen und mache mir ihre speziellen Eigenschaften zunutze. Nach jahrelanger Beobachtung bin ich mir auch sicher, dass die Pflanzen nicht zufällig da sind. Der überwiegende Teil dieser „Unkräuter" wird in der Volksheilkunde auch zu Heilzwecken eingesetzt und nebenbei bereichern sie unsere Küche.

Bodendecker und Insektenmagnet: Gundermann zeigt humose, nährstoffreiche Böden an.

Für mich sind einige von ihnen eher Aufwertungspflanzen. Sie schaden den Kulturpflanzen nicht. Ich würde sagen, sie gehen so etwas wie eine Symbiose mit ihnen ein. Man weiß, dass sie durch ihren Stoffwechsel Spurenelemente und Mineralien aus dem Boden für die Gemüsepflanzen aufschließen, aber das Wissen über die einzelnen Zusammenhänge haben wir verloren.

Gundermann und Vogelmiere: Beide Pflanzen wachsen in meinen Tomatenbeeten. Die Vogelmiere steht draußen an der Mistmauer und bildet zusätzlich zur organischen Mulchschicht eine lebende dazu. Gundermann steht im Beet unter dem Balkon und wächst auch an der Steinbegrenzung entlang. Im Frühjahr locken die herrlich blauen Blüten viele Insekten, vor allem Hummeln, an und im Laufe des Sommers beschatten die Triebe die Beetfläche. Beide Pflanzen sind Indikatoren für einen humosen, nährstoffreichen Boden. Ich schneide sie immer mal wieder, sei es für Küche, Hausapotheke oder für die Jauchetonne.

Persischer Ehrenpreis, Gartenschaumkraut, Franzosenkraut und **Blutrote Fingerhirse** wurden durch Setzlinge in die Gärten geschleppt oder sind aus botanischen Gärten „geflüchtet"; sie werden als Neophyten bezeichnet. Das sind Pflanzen, die erst in neuerer Zeit oft unabsichtlich eingeschleppt wurden und hier ursprünglich nicht heimisch waren. Das Problem bei allen: Man wird sie eigentlich nie mehr los, da sie im Blütenstadium schon Samen tragen und sich in Rekordgeschwindigkeit ausbreiten. Alle sind auch ein Zeichen für nährstoffreiche Böden. Am besten jäten Sie so früh wie möglich und entsorgen die Pflanzen, nur nicht liegen lassen und auch nicht auf den Kompost geben. Gartenschaumkraut und Franzosenkraut schmecken jung auch sehr gut im Salat.

Der Efeublättrige Ehrenpreis ist eine von vielen leichtsamigen Besiedelungspflanzen, die sich rasch auf unbewirtschafteten, offenen Böden einfinden.

Brennnessel und Giersch sind bei vielen Gartenbesitzern nicht gerne gesehen, dabei sind sie doch so vielseitig nutzbar. Über die Vorteile beider Pflanzen alleine für die Versorgung von Insekten könnte man einiges schreiben – von der nachgewiesenen Wirkungsweise in der Volksheilkunde oder der Bereicherung unserer Ernährung ganz zu schweigen. Vor allem Brennnesseln sind ein vielfältiger Ernährungsgrundstock vieler Gemüsepflanzen. Beide Arten breiten sich flächig durch unterirdische Rhizombildung aus und taugen deshalb vorzüglich als lebende Mulchschicht. Bei mir stehen sie im Beerengarten unter den Sträuchern. Der Boden dort ist gut mit organischem Material versorgt. Durch ständiges Ernten kommen die Pflanzen nicht zum Blühen.

Scharbockskraut liebt eher feuchte, humose Stellen im Garten. Die Pflanze verbreitet sich durch unterirdische Brutknöllchen und über Samen flächendeckend aus. Im zeitigen Frühjahr erscheinen die kleinen, dunkelgrün glänzenden schildartigen Blätter, die man vor der Blüte auch in den Salat geben kann. Später erscheinen schöne gelbe Blütensterne, die die familiäre Zugehörigkeit zu den Hahnenfußgewächsen erkennen lassen. Ab diesem Zeitpunkt darf nicht mehr geerntet werden. Die Pflanzen siedeln sich meist plötzlich und ungefragt an. Durch Hacken verbreitet man die winzigen, runden Brutknöllchen im ganzen Garten. Ich lasse sie einfach blühen und jäte mit der Hand, wo sie nicht sein sollen.

Sobald eine Fläche unbearbeitet bleibt, können sich schon nach wenigen Monaten viele dieser Kulturfolger einfinden. Ein Stück Garten, das nicht bestellt wird, ist schon nach ca. 1 Jahr flächendeckend verunkrautet. Besonders Pflanzen, die ihre Samen mit haarigen Flugschirmen (*Pappus*) oder durch ständige Nachwuchsproduktion verteilen, werden sich rasch auf diesen Flächen einfinden. Auf meinem Krautacker war das jedes Frühjahr so, denn unerwünschte Kräuter und Pflanzen wachsen auch im Winter.

Schritt für Schritt zum Gemüsebeet

Der Beginn im Herbst hat den Vorteil, dass die Böden trocken sind und eine zusätzliche Verdichtung durch Betreten und Bearbeiten eigentlich ausgeschlossen werden kann.

Im September mähen Sie die Pflanzen ab oder reißen sie aus. Dichten, hohen Bewuchs mähen Sie mit der Sense um. Das Pflanzenmaterial sammeln Sie auf einem Haufen und entsorgen es später. Dann stechen Sie mit einem Wurzelstecher alle erkennbaren Wurzelunkräuter heraus und fahren gegebenenfalls nochmal mit einem Rasenmäher darüber, um den Grasbewuchs so kurz wie möglich zu bekommen.

Im Oktober folgt das Umgraben oder Rigolen – dieser Schritt ist abhängig vom Verunkrautungszustand und dem Verdichtungsgrad des Bodens. Haben Sie keine Gierschpflanzen, Quecken oder Winden gesichtet, reicht es, den Boden spatentief, Reihe für Reihe, so zu wenden, dass die Grasnarbe unten zu liegen kommt. Wurzeln und Steine lesen Sie dabei heraus. Ist der Boden jedoch sehr verdichtet und mit Wurzelunkräutern durchzogen, empfiehlt sich einfaches Rigolen (zwei Spaten tief).

Einfaches Rigolen zur tiefgründigen Bodenlockerung (zwei Spaten tief): Die Fläche wird in Stücke mit maximal 3 m Breite eingeteilt. Sode für Sode wird die erste Reihe abgestochen, Breite und Tiefe gibt das Spatenblatt vor, der Aushub wird in einer Schubkarre gesammelt. Die zweite Spatentiefe wird nur gelockert. Ab der zweiten Reihe kommt der Aushub der oberen Schicht auf die vorhergehende Reihe.

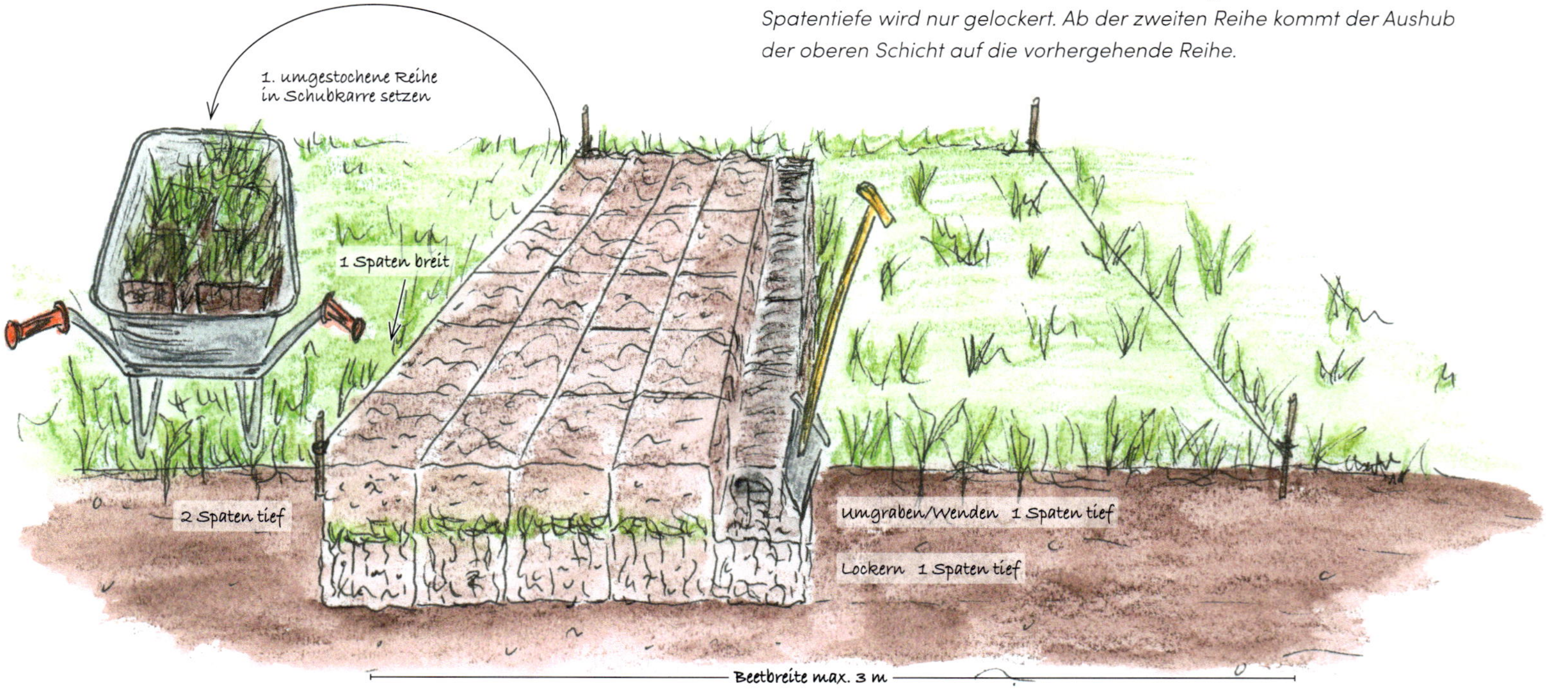

GUT ZU WISSEN

Beim Rigolen wird der Boden tief gelockert, auch tiefer wachsende Wurzelunkräuter können restlos entfernt werden. Die wertvollen Soden werden gleich an Ort und Stelle kompostiert – folgend dem alten Bauernspruch „Die Wiese ist die Mutter des Ackers".

Phacelia oder „Bienenfreund" ist eine ideale Gründüngungspflanze. Sie ist mit keinem Gemüse verwandt und erfreut mit ihren blauvioletten Blüten unzählige Bienen und andere Insekten.

Im April folgt die Gründüngungseinsaat: Zur Bodenauflockerung, Gesundung und zur Humusbildung wird jetzt das ganze Beet mit Gründüngungspflanzen eingesät. Dazu schieben Sie den restlichen groben Mulch von der Winterabdeckung so zur Seite, dass immer im Abstand von 20 cm Saatstreifen entstehen. Mit der Gartenhacke ziehen Sie Saatrillen und säen die Samen dünn aus, dann gut anklopfen und angießen. Geeignete Gründüngungspflanzen gibt es für alle Bedürfnisse. Am einfachsten anzuwenden sind Mischungen, die es im Handel fertig zu kaufen gibt: ein attraktiv blühender Schutz vor Verwehung und Verschlämmung der Bodenkrume, vor Austrocknung und Ansiedelung unerwünschter Wildkräuter.

Im August ist die Zeit für die Einsaat von ersten Gemüsen als Düngungspflanzen. Die Gründüngungsreihen werden nun abgemäht und kleingeschnitten auf den Wurzelresten liegengelassen. Auf den Streifen mit dem Wintermulch ist mit Sicherheit nicht mehr viel übrig, hier wird jetzt Spinat und/oder Feldsalat wieder in Reihen eingesät. Das ergibt einen Reihenabstand von 20 cm. Der Vorteil an diesen Düngepflanzen: Sie bedecken den Boden, sind mit keiner Gemüsepflanze verwandt und finden noch zusätzlich Verwendung in der Küche.

Im März/April des Folgejahres folgt die erste Bestellung des Gemüsegartens. Jetzt können Sie mit dem Gemüseanbau beginnen. Seit der Rekultivierung sind insgesamt 18 Monate vergangen – eine Zeitspanne, die sich nachhaltig positiv auf ihre folgende Gartentätigkeit auswirken wird. Wenn Sie mit abwechslungsreicher Mischkultur, mit guter Kompost- und Pflanzendüngung sowie mit verschiedenen Mulchschichten arbeiten, wird Ihr Gartenboden im Laufe der Jahre immer besser werden.

KOMPOST
eigene Erde im Handumdrehen

Einen fruchtbaren, lockeren, leicht zu bearbeitenden Gartenboden bekommt man durch die Arbeit mit verschiedenen Komponenten. Neben der Einhaltung eines Fruchtwechsels sind das Aussäen von Gründüngungspflanzen, lockeres Mulchen mit verschiedenen Materialien, Düngen mit Pflanzenjauchen und das Ausbringen von Komposterde. Wann Gärtner angefangen haben, ihre Abfälle auf einen Komposthaufen zur Rotte zu bringen, weiß ich nicht. Im Garten meiner Kindheit gab es das jedenfalls nicht. Meine Oma hat sämtliche Gemüse- und Küchenabfälle oder sonstiges organisches Material aus Haus und Hof zwischen den Gemüsekulturen ausgebracht beziehungsweise gleich liegengelassen.

Tatsächlich wurde auch in den alten Klostergärten eine sogenannte Flächenkompostierung betrieben. Wir bezeichnen es heute nur noch als Mulchen und reduzieren diese Technik auf das Bedecken des Bodens mit Grasschnitt oder Rindenhäcksel. Vielleicht ist man auch im Zuge von „mein Garten muss aufgeräumt sein" dazu übergegangen, nichts mehr zurückzulassen. Im Prinzip erspart man sich so die Arbeit, den fertigen Kompost wieder im Garten auszubringen. Ich selbst wende die Flächenkompostierung auf meinem „Krautland" an, das ständig mit Gras, Stroh, Laub, Gartenabfällen und Asche locker bedeckt ist. So finden die Bodenlebewesen immer genügend Nahrung, der Verrottungsprozess wird optimal gefördert.

Wo und was?

Die Entscheidung einen Kompostbehälter aufzustellen, ist meist dem Umstand geschuldet, dass die heutigen Gärten klein sind und man wenig Platz für einen ausufernden Komposthaufen hat. Zugegebenermaßen sind diese „einfachen Haufen" nicht besonders attraktiv, deshalb versteckt man sie gerne. Ideal ist ein Platz unter einem Baum, wo zwar Sonne hinkommt, Schatten aber vor Austrocknung schützt. Wichtig

Beetabdeckung mit grobem Mistmulch im Winter: Sie schützt den Boden vor Frost, Austrocknung, Erosion und dient gleichzeitig als nährstoffreiche Flächenkompostierung.

Erstes Mulchen im Frühjahr auf dem „Krautland".

ist, dass der Platz auch bei Regen oder im Winter gut zu erreichen ist. Auch sollte ein Abstand zum Nachbar gewährleistet sein, damit keine Konflikte auftreten. Genaue Regelungen dazu stehen im Nachbarrecht der Gemeinden.

Eine gute Rotte hinzubekommen, ist keine Frage des Behältnisses, sondern der Zusammensetzung beziehungsweise der Mischung der zu kompostierenden Materialien. Stellen Sie mindestens zwei Behältnisse auf oder achten sie darauf, dass zwei Haufen Platz haben. Einer ist immer in Ruhe, der andere wird befüllt und bestenfalls gibt es einen Dritten, der fertig ist und schon verwendet werden kann. Im Prinzip gibt es viele Möglichkeiten, selbst einen Kompostplatz zu bauen. Wichtig ist eigentlich nur, dass genügend Luft an die Materialien kommen kann und die Behältnisse stabil sind. Es eignen sich lockere Bretterverschalungen, zu Kisten gebogene, kleinmaschige Drahtgitter oder auch aus Weiden geflochtene Silos. Die jeweiligen Behältnisse werden direkt auf den zuvor gelockerten Boden gestellt, damit auch die Bodenlebewesen die Möglichkeit haben einzuwandern. Als unterste Schicht gibt man grob zerkleinerte Äste oder Häcksel, dann befüllt man.

Fünf Regeln, damit es gut gelingt:

- Die Mischung machts: trockene Materialien (Laub, Heu, Stroh) mit frischen (Pflanzenteile, Obstreste, Kaffee oder Teefilter) mischen
- Die jeweiligen Schichten immer dünn verteilen
- Abwechselnd auch gröbere und feinere Lagen einschichten, damit genügend Luft darankommt
- Zwischendurch eine Schicht aus fertigem Kompost einzubringen fördert die Rotte
- Bewährte Rottebeschleuniger und Kompostverbesserer sind verschiedene Kräuter wie Beinwell, Brennnessel, Löwenzahn, Schafgarbe, Baldrian, Rainfarn und Ackerschachtelhalm – immer mal wieder kleingeschnittene, samenlose Schichten auslegen

Charlottes Tipp:

Mit alten Europaletten lassen sich einfach, günstig und stabil eine Kompostkiste oder mehrere nach vorne offene Kompostkammern nebeneinander bauen.

Schnell zusammengebastelt und erstaunlich lange haltbar: Kompostkammer aus alten Europaletten.

WAS DARF AUF DEN KOMPOST, WAS NICHT?

JA	NEIN
Obst und Gemüseabfälle	Kranke, pilzbefallene Pflanzen
Gesunde Pflanzenreste	Essensreste mit Fleisch (Salatreste oder kleine Gemüsereste sind kein Problem)
Gras und Rasenschnitt, ohne Samen	Beschichtete Papiere oder Pappe
Kleingeschnittener, besser gehäckselter Hecken- und Baumschnitt	Windeln
Fallobst	Wurzelunkräuter wie Giersch oder Quecke
Stroh und Tierstreu	Tierkadaver
Verbrauchte Blumenerde und abgestorbene Pflanzen mit Ballen	Schalen oder Reste von gespritztem Obst und Gemüse
Verwelkte Blumensträuße	
Kaffeefilter, Teebeutel (werden aufgerissen)	
Zerkleinern: Eierschalen, Bananenschalen, Kohlstrünke und abgestorbene Gemüsewurzeln	
Wird vorher getrocknet und verbrannt: Schalen von Zitrusfrüchten, Nussschalen, Knochen, Kartoffelkraut	
In kleinen Mengen: Küchenpapier, unbeschichtete Pappe, Laub, Asche	

Wie und wann?

Je optimaler die Lebensbedingungen der Bodenlebewesen wie Regenwürmer, Käfer und Kleinstlebewesen sind, desto schneller ist der Abbauprozess abgeschlossen. Ein wichtiger Faktor ist dabei eine ausreichende Feuchtigkeit. Ein frisch aufgesetzter Kompost sollte im Sommer, wenn er zu sehr der Hitze ausgesetzt ist, abgedeckt werden – genauso bei Dauerregen, zum Schutz vor Ausschwemmung.

Nach 3 bis 6 Monaten: Der Kompost ist halbfertig, das heißt, er kann in diesem Zustand als Mulchmaterial auf den Beetflächen verteilt werden und wird nach einer gewissen Zeit auch vollständig verrottet sein. Der Vorteil ist: Während dieser Zeit schützt das Pflanzenmaterial den Boden vor Austrocknung, Verschlämmung oder vor Frost, je nach Jahreszeit.

Wichtig: Halbfertiger Kompost ist nicht geeignet zum Pikieren oder Verpflanzen junger Setzlinge, für die empfindlichen Wurzeln ist er zu scharf. Die Blätter werden gelb und im schlimmsten Fall sterben die Pflänzchen ab. Ist mir auch schon passiert. Deshalb lassen Sie der Rotte die nötige Zeit, um wertvolle Erde zu liefern.

Nach ca. 12 Monaten: Der Kompost ist fertig, wenn er erdig, leicht moosig und angenehm nach Walderde riecht. Jetzt können Sie ihn als Blumentopferde verwenden, als Düngegabe in Pflanzlöcher geben oder in einer dünnen Schicht auf die Pflanzbeete verteilen. Auf diese Schicht kann dann sofort gesät oder gesetzt werden. So steht die nährstoffreiche frische Humusschicht gleich den jungen Pflänzchen zur Verfügung.

Fertige Komposterde riecht erdig, leicht moosig und angenehm nach Walderde – keinesfalls muffig oder schimmelig.

PLANMÄSSIGE BEWIRTSCHAFTUNG *eines Gemüsegartens*

Die gute Nachricht vorneweg, es gibt viele verschiedene Möglichkeiten, Gemüse erfolgreich anzubauen. Vor über 60 Jahren wurde in den Landwirtschaftsschulen noch die Gleichkultur gelehrt. Gleichkultur bedeutet, dass immer eine Gemüseart alleine auf einem Beet steht. Die Bepflanzung rutschte dann jedes Jahr ein Beet weiter. Die Familien waren groß, es war wichtig, viel Gemüse aus dem Garten zu ernten. Gleichzeitig waren die Speisezettel nicht so vielfältig, sodass eher wenige Kulturen angebaut wurden.

Einige Jahre später wurde es dann üblich, bestimmte Pflanzengemeinschaften zu kombinieren: eine sogenannte doppelte Gleichkultur. Man machte sich den positiven Effekt auf Wachstum und Schädlingsabwehr zunutze. Viele dieser Kombinationen haben sich bewährt und werden heute noch gerne unverändert angebaut, so die Gemeinschaft von Zwiebeln (wehren Möhrenfliegen ab) und Karotten (halten Zwiebelmotten fern). Salat, zwischen Radieschen ausgesät, hilft bei Erdflöhen. Auch Sellerie und Lauch bilden eine bewährte, abwehrende Gemeinschaft. Noch weitere Jahre später erreichten die Erfahrungen, die Gertrud Franck zu Gemüseanbau-Systemen veröffentlichte, fast Kultstatus. Sie ist die Pionierin der Mischkultur. Ihre jahrzehntelangen Versuche und Erfahrungen wurden im Gartenbau weitergegeben. In ihrem ausgeklügelten Reihenmischkulturverfahren werden die verschiedenen Gemüsearten nach Kulturdauer und Pflanzenart in drei verschiedene Gruppen (Haupt-, Neben- und Kurz- oder Zwischenkulturen) eingeteilt. Diese werden nach einer bestimmten Reihenfolge unter besonderer Beachtung der positiven Wirkung der Kulturen nacheinander gesät und gesetzt. Durch Spinateinsaaten im Frühjahr wird der Garten gegliedert und der Boden verbessert. Unter Berücksichtigung dieser umfassenden Erfahrung haben viele Gärtner mit der Zeit das Prinzip auf ihre Bedürfnisse und Gegebenheiten abgewandelt.

Mischkultur ist nicht gleich Mischkultur

Nun es gibt verschiedene Möglichkeiten, das Prinzip der Mischkultur in unsere Gärten zu bringen. Wie bei allem im Leben, gibt es immer zwei Seiten. Jede Anbaumethode und jeder Anbauplan haben Vor- und Nachteile. Es gibt keine einzig wahre Anbaumethode. Machen Sie das, was Ihnen am einfachsten und praktikabelsten erscheint. Vor allem sollte es Ihren Bedürfnissen angepasst sein, sonst macht es keinen Spaß und der Erfolg bleibt aus. Mit dieser Erkenntnis habe ich mich seinerzeit daran gemacht, ein eigenes, einfaches System zu entwickeln, das ohne große Vorkenntnisse funktioniert, sich dem jeweiligen Bedarf anpasst und beliebig ausgebaut oder erweitert werden kann. Getreu dem Spruch von Bruce Lee: „Nimm an was nützlich ist, lass weg was unnütz ist und füge das hinzu was dein Eigen ist."

Diese Faktoren sollten Sie berücksichtigen:

- Bodenmüdigkeit vorbeugen durch Fruchtfolge und Abwechslung in der Familienzugehörigkeit
- Abwechselnd unterschiedliche Wurzeltiefen, Flach- und Tiefwurzler
- Unterschiedliche Nährstoffansprüche der Pflanzen
- Unterschiedliche Wuchshöhen und -formen
- Bodenbeschattungen durch dichte Pflanzungen und Mulch

GUT ZU WISSEN

Mischkultur ist eine Anbaumethode von Pflanzenkombinationen, die auf wenig Platz die Bodennährstoffe optimal ausnützen, sich gegenseitig vor Schädlingen schützen und durch verschiedene Höhenstaffelungen ein gutes Kleinklima schaffen.

Gemüseanbau in Beetkultur: Die Kombination bestimmter Pflanzengemeinschaften hat positive Effekte für Pflanzenwachstum und Schädlingsabwehr.

Einen Garten oder ein Stück Land über Jahre für den Gemüseanbau zu nutzen, erfordert eine überlegte und planvolle Vorgehensweise. Auf einer meist überschaubaren Fläche wird kontinuierlich, im besten Fall das ganze Jahr über, Gemüse und Salat angebaut. In den ersten 2 bis 3 Jahren gelingt fast alles, egal, welche Arten nebeneinanderstehen. Davon berichten begeisterte Erst-Hochbeetgärtner, Besitzer von neu angelegten Gemüsegärten oder auch Saisongärtner mit gemieteten, bereits bepflanzten Gemüsebeeten in Stadtnähe. Der Grund ist ganz einfach: Der Boden dieser Gartenstücke ist frisch, Bodenmüdigkeit ist noch kein Thema. Diese entsteht erst, wenn jahrelang auf einem Stück Land immer wieder die gleiche Kulturart (Gemüsesorten) angebaut wird. Jede Kulturart hat bestimmte Anforderungen und Nährstoffansprüche an den Boden. Werden immer dieselben Arten angebaut, kommt es zu Kümmerwuchs, erhöhtem Schädlingsbefall, Mangelerscheinungen und Ernteausfällen. Um einer Bodenmüdigkeit vorzubeugen, ist es wichtig, auf eine jährliche Fruchtfolge, auch Fruchtwechsel genannt, zu achten. Im Prinzip ist dies ganz einfach zu erreichen, indem mehrere unterschiedliche Kulturarten verschiedener Familienzugehörigkeiten miteinander und nebeneinander wachsen. Die einfache Lösungsformel für fast alle Anbauprobleme heißt: Vielfalt.

GUT ZU WISSEN

Während Fruchtfolge die zeitliche Abfolge verschiedener Gemüsearten auf einem Beet bezeichnet, bezieht sich der Begriff Mischkultur auf einen räumlichen Wechsel unterschiedlicher Arten. Für ein gesundes Pflanzenwachstum und möglichst große Vielfalt ist die Kombination beider Systeme ideal.

Mischkultur in Walburgas Garten: Umso vielfältiger das Gemüsebeet, umso gesünder die darin wachsenden Pflanzen.

EIN NUTZGARTEN ENTSTEHT
Charlottes Gartenentwicklung

Nachdem im August 2015 die Renovierungsarbeiten am Haus begannen, konnte ich es kaum erwarten, auch im Garten loszulegen und möglichst noch vor Einzug das erste Gemüse zu ernten. Bereits im September begann ich deshalb mit einigen Vorbereitungen.

Der Garten mit seinen knapp 1.000 m² war seit Jahren ungenutzt und neben diversen Hecken und Sträuchern mit mehreren alten Apfel- und Zwetschgenbäumen und einer wunderschön gewachsenen Walnuss bestockt. Gemüse, Kräuter und Co. mussten ihren Platz dazwischen finden. Das Grundstück liegt (wie der ganze Ort) am Hang, das Gelände ist durchgängig mehr oder weniger stark geneigt. Geologisch wusste ich, dass wir uns im Buntsandstein, mit eher sandigen, von Natur aus wenig nährstoffreichen Böden befinden.

Wenn ich auf der Hausbaustelle war, versuchte ich jedes Mal bewusst auf die Wanderung der Sonne im Verlauf des Tages über das Grundstück zu achten, um herauszufinden, welche Stellen viel Sonne ausgesetzt sind und welche im Schatten liegen. Auf einer sonnenverwöhnten, relativ ebenen Fläche in einem Gartenbereich, wo ich nicht mit Gerüstbau oder sonstigen Arbeiten rund ums Haus ins Gehege kam, habe ich dann das zukünftige Gemüsebeet mit Stangen und Schnur abgesteckt.

Diese ersten 4 × 8 m Beet habe ich nach dem Abstecken an zwei Nachmittagen umgegraben. Zunächst habe ich dafür die Beetränder abgesteckt und die Fläche mit dem Spaten umgestochen, die Grasnarbe zum Teil gewendet, und zum Teil, wo sie sehr vermoost und wurzelig war, die Erde ausgeschüttelt und die Grünmasse auf den Kompost gegeben. Dann habe ich alles glatt gekrailt und über den Winter Gründüngung (Winterwicke) angesät. Zuvor habe ich noch das umgestochene Gartenstück in kleine Beete à 1,2 m Breite mit mindestens 20 cm Weg dazwischen eingeteilt. Als Wegebelag habe ich auf dem Grundstück gefundene Sandsteinplatten und zusätzlich alte Bretter ausgelegt. Feste, auch bei Feuchtigkeit begehbare (und für Kinder deutlich als solche erkennbare) Wege erschienen mir sinnvoll.

Aus dem vorherigen kleinen Garten hatte ich einige mehrjährige Kräuter und Sträucher mitumgezogen, die ebenfalls noch vor dem Winter einen Platz kriegen mussten. Da ich mir bei der Endausgestaltung des Gartens noch nicht sicher war, habe ich versucht, die Johannisbeerensträucher zusammen mit ei-

Skizze des Grundstücks mit Gebäuden und Bewuchs zu Beginn.

Grüne Wiese mit Bäumen 2015.

Abgestecktes Beet wird umgegraben.

nigen im Zuge der Neugarteneuphorie und mit der Hoffnung auf baldige Ernte schnell besorgte Himbeeren, möglichst so zu pflanzen, dass sie nicht im Weg sein würden. Dann bekam ich noch einige Erdbeerableger geschenkt, die ihren Platz in zwei eigens zu diesem Zwecke provisorisch aus alten Mauerziegeln trocken aufgeschichteten Hochbeeten fanden. Alles, was während der Renovierungsphase an Grünschnitt, Rasensoden, Biomüll usw. anfiel, kam direkt auf einen neuen Kompost.

Im Winter nach der Gartenübernahme habe ich dann den eigentlichen Plan gemacht. Mit Zollstock und einem vom Zimmermann geliehenen (sehr praktischen) Lasermessgerät habe ich den ganzen Garten von vorne bis hinten ausgemessen und in einen vergrößerten Grundstücksplan eingezeichnet. Diese Schwarzweißskizze mit den Gebäuden, Grenzen und bereits vorhandenen Bäumen und Strukturen habe ich mehrfach kopiert, als Grundlage für die zukünftige Ausgestaltung des Gartens.

Im darauffolgenden Frühling habe ich dann das umgegrabene Stück nochmal um einen Meter verbreitert und die Gründüngung zusammengehackt, zum Teil untergearbeitet (wo erst später gepflanzt werden sollte), zum Teil auf den Kompost gegeben (wo direkt gesät werden sollte). Seitdem wächst die Anbaufläche stetig. Das Beet habe ich mit alten Biberschwanzziegeln, die nach dem Dachneudecken zuhauf vorhanden waren, umrandet.

Bei uns war von Anfang an klar, dass die Hauptgartenarbeit mir obliegen würde, die anderen Nutzer aber dennoch ein gewisses Mitspracherecht bei der Gartengestaltung haben. Ich wollte einen Garten, der uns versorgen kann, vielen Tieren Lebensraum und Nahrung bietet – mit vielen Blumen, Blüten und auch zugewucherten Ecken. Unser Mitbewohner wollte alles, was man irgendwie ernten und essen kann (wozu Blumen und Zierpflanzen?) und eine gewisse Aufgeräumtheit (immer schön Rasen mähen!). Mein Mann wollte Platz für Bierbänke, Zelte und Gartenpartys im Sommer. Und hätte mein Sohn damals schon sprechen können, hätte er sich wahrscheinlich für lauter Erdbeerbeete ausgesprochen.

Angesichts der begrenzten Fläche mussten irgendwo Kompromisse gemacht werden. Das hieß für uns: vorhandene Bäume und Sträucher bleiben erhalten, zwei, drei kleine Obstbäumchen dürfen noch dazu, mehr aber nicht, dafür lieber einige Beerensträucher im Garten verteilen. Außerdem viel Beet- und Erntefläche für Gemüse, Kräuter und Blumen. Außerdem soll es Bereiche geben, die vor meinem Nutzungsfläche-Ausweitungsdrang ausgenommen und reserviert sind für Zeltgäste, zum Arbeiten (Holz spalten, basteln etc.), oder Federballspielen im Sommer.

Insgesamt nutzen mittlerweile drei Erwachsene und zwei Kinder den Garten und seine Erzeugnisse – zuzüglich regelmäßige Besucher und Mitesser. Momentan decken wir im Sommer so das meiste an Gemüsebedarf ab, im Spätsommer und Herbst kommt noch einiges an Obst und Beeren hinzu und im Winter Eingemachtes, Eingelagertes und Wintergemüse.

Neues Beet mit Ziegeln umrandet und Wege aus Sandsteinplatten.

Beet im ersten Anbausommer.

Der Garten 2017: bewachsenes Beet, vergrößerte Nutzfläche, Terrassierung.

ARBEITEN *im Jahreslauf*

Mit bewährtem Wissen und langjähriger Erfahrung aus dem Bauerngarten durch das ganze Gartenjahr: von der Aussaat bis zur Ernte und Verarbeitung. Hier erfahren Sie, was Sie Monat für Monat alles für eine erfolgreiche Selbstversorgung brauchen.

Lauch ‚Blaugrüner Winter'

JANUAR & FEBRUAR

Träumen, Planen, Vorbereiten

WAS IST ZU TUN IM JANUAR & FEBRUAR?

- Gemüse vorziehen ab Ende Februar (Tomaten, Auberginen, Chili, Lauch, Kopfsalat: frühe Sorten).
- Neuen Anbauplan erstellen bzw. den erarbeiteten übernehmen.
- Samenvorräte kontrollieren und Saatgut bestellen.
- Beerensträucher schneiden und Mulchschicht ergänzen bzw. aufbauen.
- Überwinterte Topfpflanzen zurückschneiden, ab Ende Februar wieder regelmäßiger gießen.
- Erste Saaten (Dicke Bohnen, Schnittsalat und Radieschen) ins Frühbeet oder abgedeckt in günstigen Lagen ins Freiland säen.

GARTENPRAXIS
Vorbereitungen zum Gartenstart

Mit dem Begriff „Plan" verbinden wir den überlegten Ablauf bestimmter Dinge in der richtigen Reihenfolge. Man macht sich Gedanken darüber, wie eine Arbeit am einfachsten zu organisieren ist und genau das habe ich im Gemüsegarten versucht. Herausgekommen ist ein Mischkulturplan nach Familienzugehörigkeiten. Ich habe in meiner jetzt schon fast 30-jährigen Gartentätigkeit als Bäuerin mit Selbstversorgungsanspruch einiges ausprobiert und wieder verworfen. Wichtig war mir bei allen Überlegungen eine einfache Vorgehensweise im Gemüsebau, die sich mit den anderen vielfältigen Arbeiten auf einem Hof in Einklang bringen lässt. Schließlich ist aus vielen Versuchen und Fehlschlägen ein System entstanden, das sich überall umsetzen lässt, ohne große Vorkenntnisse funktioniert, sich dem jeweiligen Bedarf anpasst und beliebig ausgebaut oder erweitert werden kann.

Januar & Februar: Einige heimische Gemüsearten wie Haferwurzel, Feldsalat und Palmkohl zieren auch im Winter noch das Beet.

Walburgas Mischkulturplan

Ein funktionierender Mischkulturanbau basiert auf Abwechslung. Ich habe alle gängigen Gemüsearten nach ihren Familienzugehörigkeiten geordnet. Das ergab acht Pflanzenfamilien. Die Gemüsearten werden in Reihen nacheinander angepflanzt oder gesät und können beliebig erweitert werden. So ist gewährleistet, dass eine Gemüseart frühestens nach neun Jahren wieder an denselben Platz kommt. Fünf Jahre Abstand sollten es mindestens sein. Einjährige Kräuter und Blumen können immer wieder als Puffer und optische Auflockerung eingesetzt werden. Durch diese breitgefächerte Vielfalt wird der Boden nicht ausgelaugt und gleichzeitig werden durch den Blütenreichtum Nützlinge angelockt. Dieses System eignet sich vor allem für kleine Gartenstücke, deren Platz optimal ausgenutzt werden soll.

Der Anbauplan

- **Ausgangsposition ist ein Gartenstück durchschnittlicher Größe (z. B. 4 × 8 m).**
- **Das Gartenstück wird in Reihen von immer 30 cm Abstand eingeteilt; bei der vorgegebenen Beetbreite ergibt das je drei Reihen (großen Gemüsearten wird entsprechend mehr Platz eingeräumt).**
- **Jede Reihe beherbergt je eine Gemüseart aus einer Familie.**
- **Idealerweise achtet man noch darauf, ob es sich bei den Arten um Flach- und Tiefwurzler handelt und wechselt diese möglichst ab. Dadurch stellt man eine optimale Raumausnutzung oberhalb und in der Erde sicher.**
- **Jedes Jahr rutscht jede Reihe um eine Reihe weiter.**
- **Gemüsearten mit hohem Nährstoffanspruch können gezielt mit Pflanzenjauche gedüngt werden.**
- **Auf freiwerdenden Flächen können verschiedene Salatsorten nachgesetzt oder Spinat eingesät werden.**
- **Der Anbauplan, einmal aufgestellt, behält so jahrelang seine Gültigkeit. Zeitintensive und umständliche Planungsarbeit entfällt.**

ÜBERSICHT ÜBER ACHT HÄUFIG IN UNSEREN GÄRTEN VERTRETENE PFLANZENFAMILIEN UND BEISPIELE SEHR VERBREITETER GEMÜSEARTEN (*Tiefwurzler)

Pflanzenfamilien	Gemüsearten aus der Familie
Doldenblütler	Karotten*, Pastinaken*, Peterle, Knollensellerie, Stangensellerie, Dill, Kerbel, Liebstöckel, Zuckerwurzel
Gänsefußgewächse	Melde, Rote Bete*, Mangold*, Spinat, Erdbeerspinat, Guter Heinrich
Hülsenfrüchtler	Zuckererbsen*, Markerbsen*, Buschbohnen*, Stangenbohnen*, Feuerbohnen*, Dicke Bohnen*
Korbblütler	Pflücksalat, Kopfsalat, Endivie, Eissalat, Chicorée, Zuckerhutsalat, Radicchio, Bindesalat oder Römersalat, Schwarzwurzel*, Haferwurzel*, Topinambur*, Löwenzahn*
Kreuzblütler	Radieschen, Rettich*, Kohlrabi, Chinakohl, Blumenkohl*, Brokkoli*, Blattkohl* (Grünkohl, Markstammkohl), Rosenkohl*, Rucola, Kopfkohl (Rotkraut, Weißkraut, Wirsing), Meerrettich*, Mairübe, Teltower Rübchen, Kresse, Stielmus, Kohlrübe, Senf
Kürbisgewächse	Zucchini*, Kürbis*, Gurke*, Melone*
Nachtschattengewächse	Tomaten*, Kartoffeln, Paprika, Chili*, Aubergine*, Andenbeere*
Zwiebelgewächse	Steckzwiebeln, Säzwiebeln, Lauch, Schnittlauch, Heckenzwiebel, Etagenzwiebel, Knoblauch

GUT ZU WISSEN

Unberücksichtigt ist Feldsalat, er gehört zur Familie der Baldriangewächse, ist also mit keiner Art verwandt. Weil er wenig Platz braucht und auch als Bodenverbesserer gilt, kann er überall dazwischen ausgesät oder gepflanzt werden.

STARK-, MITTEL- UND SCHWACHZEHRER

Starkzehrer	Mittelzehrer	Schwachzehrer	Gründüngung
Kartoffeln	Karotten	Radieschen	Phacelia
Andenbeere	Zwiebeln	Spinat	Tagetes
Tomaten	Knoblauch	Bohnen	Ringelblume
Paprika	Kohlrabi	Erbsen	Buchweizen
Aubergine	Schwarzwurzel	Blattsalate	Sonnenblumen
Rotkraut	Haferwurzel	Feldsalat	
Weißkraut	Rettich	Melde	
Blumenkohl	Rote Bete	Erdbeerspinat	
Rosenkohl	Pastinaken	Dill	
Kürbis	Mangold	Bohnenkraut	
Zucchini	Kopfsalate	Petersilie	
Gurken	Endivien	Basilikum	
Spargel	Chicorée	Kresse	
Zuckermais	Kohlrüben	Rucola	
Melone	Mairüben		
Rhabarber	Chinakohl		

Walburgas Vier-Felder-Wirtschaft

Als Steigerung des familienmäßig zugeordneten Mischkulturanbaus ist diese in ein Vier-Felder-System zu integrieren. Bei besonders großen Gärten oder Feldstücken, die zusätzlich viele verschiedene Arten und Sorten beherbergen sollen, bietet sich diese Anbauweise an. Basierend auf dem vorher genannten Reihenanbau nach Familienzugehörigkeit wird hier noch in Stark-, Mittel-, Schwachzehrer und Gründüngungsfläche eingeteilt. Anhand der Tabelle sind die Pflanzen ihren Nährstoffansprüchen drei Gruppen zugeteilt. Wie schon beschrieben werden die Gemüsearten in Reihen nach ihrer Familienzugehörigkeit angepflanzt. Es kommen allerdings nicht alle Familien in jedem Quartier zum Tragen, das macht aber nichts. Salatsorten, Küchenkräuter und einjährige Blumen können auch hier immer wieder als „Joker“ eingepflanzt werden. So entsteht ein einfaches System. Die in Gruppen eingeteilten Kulturen kommen nur alle vier Jahre wieder an den gleichen Platz. Es setzt allerdings eine festgelegte Feldeinteilung voraus, damit einfach gewandert werden kann. Dabei kann man mit der Beet-Zusammenstellung experimentieren, auch hier ist Vielfalt das Zauberwort. Ich achte bei meinem Gartenplan einfach nur darauf, was sich nicht verträgt. Meiner

Erfahrung nach hegen wenige Pflanzen wirklich eine totale Abneigung gegeneinander. Vermeiden sollten Sie, verschiedene Arten und Sorten innerhalb einer Familie direkt nebeneinander oder Zwiebelgewächse in die Nachbarschaft von Kohl, Erbsen und Bohnen zu setzen. Ansonsten einfach mal experimentieren, es geht mehr als Sie vielleicht denken.

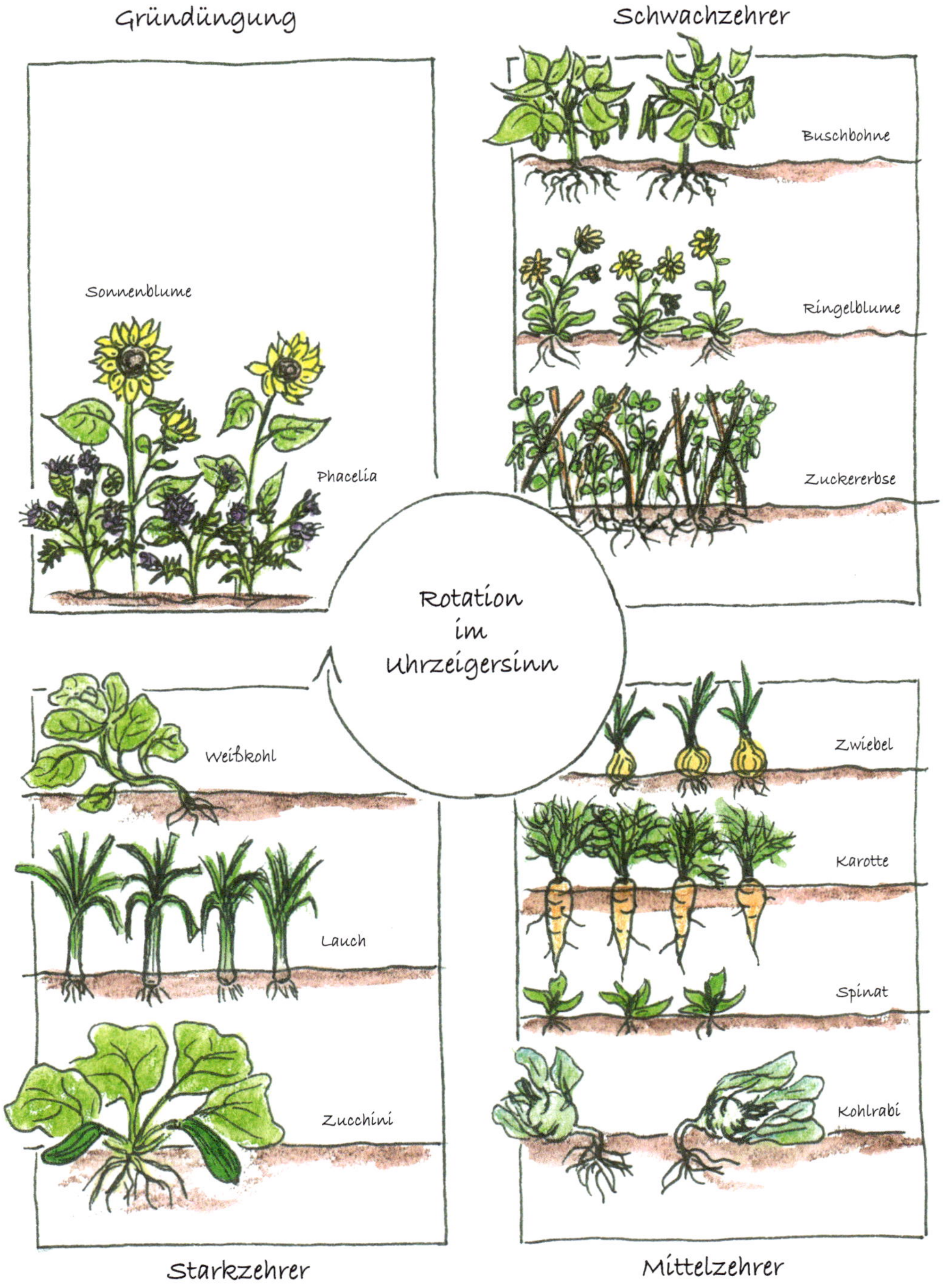

Bei der Vier-Felder-Wirtschaft werden auf vier festgelegten Parzellen reihum Gründünung, Stark-, Mittel- und Schwachzehrer angebaut. Kombiniert mit der Mischkultur nach Familienzugehörigkeiten ergibt sich ein Nährstoffe und Bodenansprüche optimal ausschöpfendes Fruchtfolgesystem.

DIE EIGENE KINDERSTUBE
Alles über Samen, Säen & Anzucht

Der Jahresbeginn ist ein guter Zeitpunkt, mit den Vorbereitungen für die kommende Gartensaison zu beginnen. Jetzt ist noch genügend Luft für eine kleine Sameninventur und zum Pläneschmieden. Ab Ende Februar stehen eventuell schon die ersten Aussaaten am Fensterbrett oder im Gewächshaus an.

Sameninventur

Im Januar wird es Zeit, die Samenvorräte durchzuschauen, damit, in Abstimmung mit dem neuen Anbauplan für das kommende Jahr, fehlende Sorten bestellt werden können. Vielleicht haben Sie auch mal Lust, eine neue Gemüseart oder Sorte auszuprobieren? Schauen Sie auch nach, aus welchem Erntejahr die Samen stammen. Wenn Sie unsicher sind, ob ältere Samen noch keimen, dann hilft ein einfacher Test.

Wie lange sind Samen keimfähig?

Die optimale Aufbewahrung spielt hier eine große Rolle. Samen sind eigentlich lebendige Pflanzen im Ruhezustand. Je nach Art ist das sehr unterschiedlich, es gibt solche mit langer Lebensdauer, wie Kürbisse, oder solche die sehr kurzlebig sind, wie Schwarzwurzeln.

GUT ZU WISSEN

Machen Sie den Keimfähigkeitstest: in ein größeres Marmeladenglas ein angefeuchtetes Küchenpapier legen, eine bestimmte Anzahl von Samen darauflegen. Glas schließen und ans Küchenfenster stellen, eventuell bei Bedarf tropfenweise Wasser dazugeben. Nach der sortenspezifischen Keimdauer die gekeimten Samen zählen. Mehr als die Hälfte sollten gekeimt haben, damit sich die Aussaat lohnt.

Art	Keimdauer in Tagen	Keimtemperatur in °C	Haltbarkeit in Jahren
Bohnen	10–15	8–10, besser 20	4–5 mindestens, 8–10 möglich
Erbsen	10–14	4–5, besser 18–20	3 mindestens, 5–8 möglich
Feldsalat	3–7	2–5, besser 20	2–3
Gurke	7–10	12–14, besser 25–28	4–5
Haferwurzel	7–10	15–20	2–3
Karotte	21–28 (bis zu 35)	5, besser 20–22	2–3; danach sehr reduziert
Kohl	4–7	10–20	4–5
Kohlrabi	2–5	10–20	3–4
Kürbis	7–10	20–25	5–8
Lauch	5–8	15–25	2
Mangold	7–10	10–16	3–4
Melde	3–7	15–20	max. 2, besser frisches Saatgut
Paprika & Chili	10–15	25–28	3
Pastinake	ca. 21	10–15	frisches Saatgut verwenden
Radieschen & Rettich	5–10	10–20	3
Rote Bete	7–14	10–20	4
Rucola	3–7	10–20	3
Salate	2–7	12–18	3–4
Schwarzwurzel	14–21	8–20	1, frisches Saatgut verwenden
Sellerie	20–25	15–20	3
Spinat	3–7	15–20	3
Tomate	5–8	20–25	4–5
Zucchini	7–10	20–25	3–4
Zuckerhut, Chicorée, Radicchio	5–10	15–18	3
Zwiebel	10–28	10–20	2

Die Blüten der Schwarzwurzel erfreuen nicht nur das Auge, sie duften auch herrlich nach Schokolade.

Samen aufbewahren

Drei Punkte sind hierbei ganz wichtig: dunkel, trocken und kühl! Diese Bedingungen findet man zum Beispiel in Holzkisten oder Schuhschachteln, gut schließenden Gläsern, die im Schrank stehen oder in Blechdosen; je nach Menge und Umfang des Samensortimentes. **Wichtig:** Es dürfen sich über das Jahr keine großen Temperaturschwankungen ergeben.

Charlottes Tipp:

Ich bewahre meine in Tüten abgefüllten Samen nach frühestem Aussaatmonat sortiert in einer Holzkiste in der kühlen Speisekammer auf. Ab Februar schaue ich jeden Monat das aktuelle Monatsabteil durch und lege diejenigen Samentüten raus in einen Korb, die ich als nächstes aussäen will.

Samen bestellen

Mithilfe von Samenkatalogen ist es einfacher, die „richtigen" Sorten zu finden. Dort werden alle Sorten und Arten nach ihren Wachstumseigenschaften, Nährstoffbedürfnissen, Platzbedarf, Aussehen, Geschmack, Kocheigenschaften und vielem mehr genau beschrieben. Man kann so vergleichen und in Ruhe zu Hause auswählen. Welche Sorten und Arten eignen sich für meinen Garten? Jede Gemüseart hat ihre eigenen Bedürfnisse. Das lässt sich einfach mit der ursprünglichen Heimat der Pflanzen erklären. Bei manchen Arten gibt es aber auch Sorten, die robuster sind und ein bisschen Schatten oder niedrigere Temperaturen tolerieren. Als Beispiel seien hier die Bohnen genannt: Stangenbohnen und Buschbohnen brauchen als Südamerikaner aufgewärmte Böden und hohe Lufttemperaturen. Feuerbohnen dagegen kommen ursprünglich aus den kühl-feuchten Bergregionen Mexikos. Sie sind auch mit niedrigeren Temperaturen zufrieden und gedeihen dank ihrer Robustheit auch noch in Gebieten über 1 000 m.

Saatgut sollte immer dunkel, trocken und kühl gelagert werden, wie hier in Tütchen in Karteikästen aus Holz.

WER MAG WAS?

Sonne, den ganzen Tag und am liebsten trocken:
wärmeliebende Südländer wie Tomaten, Chili, Paprika, Kürbisse, Zucchini, Kartoffeln, Bohnen, Auberginen, aber auch Zwiebeln

Halbschatten, Sonne nur am Vormittag oder gegen Abend:
heimische, oft auch mitteleuropäische Arten, zum Beispiel Erbsen, Rote Bete, Kohlarten, Karotten, Rettich, Rüben, Dicke Bohnen, Pastinaken, Spinat, Rucola, Kopfsalat

Schatten, lichter Schatten unter oder neben Bäumen:
meist auch heimische Arten, deren wilde Vorfahren in lichten Wäldern vorkommen, gerne etwas schattiger stehen oder einfach schnell wachsend sind, zum Beispiel Schnittsalat, Schnittlauch, Mangold, Feldsalat, Bärlauch, Heckenzwiebel (Anzucht unter normalen Bedingungen empfehlenswert, dann Setzlinge auspflanzen)

Anzucht im Haus: die ersten Vorkulturen

Wann? Ich beginne meine Aussaaten ca. Mitte, Ende Februar. Es kommt darauf an, ob man im Haus oder Gewächshaus anziehen kann und wieviel Platz zur Verfügung steht. Wo wird die optimale Keimtemperatur erreicht? Die Pflanzen sollten nach der Keimung schnell pikiert werden, sobald sich das erste Laubblattpaar voll entwickelt hat. Danach sollten sie nicht mehr so warm, aber hell stehen. An warmen, sonnigen Tagen sollte man lüften und abdecken, mit Pflanzentees gießen.

Wie? Saatschalen oder Töpfe mit Aussaaterde füllen, etwas andrücken, Samen stecken oder Vliese mit Tomatensamen darauflegen, Erde darüber sieben (Faustregel: doppelt so viel Erde wie der Samen dick ist) und andrücken. Vorsichtig angießen, am besten mit einem Zerstäuber. Ich stelle die Samentöpfe auf eine Styroporunterlage (für warme Füße), diese werden dann mit einer Glasplatte oder mit Folie abgedeckt, bis sie keimen. Je nach Sorte bilden sich nach 3 bis 5 Tagen Wassertropfen an der Glasplatte. Das ist das Zeichen, dass der Keimvorgang eingesetzt hat. Kurze Zeit später sieht man meist schon die ersten Sämlinge. Bei Tomaten ist es nach 8 bis 10 Tagen soweit. Mit einer Sprühflasche kann man die Erde leicht feucht halten.

CHECKLISTE

Was vorziehen im Februar?

- Nachtschattengewächse: Tomaten, Chili, Auberginen, Andenbeeren
- Hülsenfrüchtler: Dicke Bohnen
- Lauchgewächse: Lauch
- Korbblütler: frühe Kopfsalate

Rezept

BRENNNESSEL-BEINWELL-TEE

Sind die Samen gekeimt, können diese Keimlinge mit einem stärkenden Tee gegossen werden. So erhalten die jungen Sämlinge Mineral- und Nährstoffe in dezenter Aufbereitung. Getrocknete Brennnessel- und Beinwellblätter je zu gleichen Teilen kleinhacken, mit heißem Wasser übergießen, zugedeckt 10 Minuten ziehen lassen, abseihen und abkühlen lassen. Das Gießwasser kann 1 bis 2 Tage verwendet werden.

Saatgut beizen: mit Wäscheklammer und Stricknadel in ein Samenbad gehängte Tomatensamen.

Natürliche Samenbeize: Starthilfe beim Keimen

Warum? Kräutertees als Samenbäder fördern das gesunde Wachstum der Pflanzen und verbessern die Keimfähigkeit. Dabei verwendet man verschiedene Kräuter für bestimmte Pflanzen. Durch die hohe Wasseraufnahme keimen die gebeizten Samen schneller als trockene Samenkörner. Generell lohnt sich ein Samenbad bei sehr dicken Samen (Dicke Bohnen) oder bei hartschaligen Samen (Wicken).

Wie? Tee oder Kaffeefilter eignen sich sehr gut. Die Samen werden, jede Sorte für sich, in die Filter gegeben. So können auch mehrere Sorten auf einmal gebeizt werden. Die beschriftete Tüte hängt man mit einer Wäscheklammer an einem Stock in das Samenbad (Schüssel mit Tee). Die Samen sollten ca. 15 Minuten im Samenbad hängen, je nach Größe und Keimfreudigkeit des Samenkorns kann man gleich säen. Dickere Samenkörner wie Erbsen und Bohnen können auch länger im Bad bleiben. Faustregel: je dicker, desto länger, aber nie mehr als einen Tag! Die harten Samenkerne brauchen lange, um die Feuchtigkeit des Bodens aufzunehmen. Mit einem warmen Kräuterbad wird dieser Vorgang beschleunigt.

AB IN DEN BODEN!
Das Gartenjahr im Bauerngarten

Geranien und andere Kübel- oder Topfpflanzen werden den ganzen Winter einmal in der Woche wenig gegossen. Blätter, die dürr werden oder abfallen, sammelt man immer wieder auf. Überwintern im Haus ist für Pflanzen der pure Stress, denn ein optimales Quartier steht in den meisten Fällen nicht zur Verfügung. Oft stellen sich dann am Ende des Winters Läuse an den Pflanzen ein. Dies bekommt man gut in den Griff, wenn man Mitte, Ende Februar die Geranien nochmals zurückschneidet und die befallenen Blätter und Blüten herausnimmt, eventuell mit Seifenwasser abwäscht oder abspritzt. In meiner Jauche-Tonne ist in dieser Zeit immer noch ein Rest Brennnesseljauche vom letzten Jahr. Ich gebe davon als erste Düngegabe 1 bis 2 Liter Jauche an die Pflanzen. Dies ist Dünger und Pflanzenstärkung zugleich. **Wichtig:** Wenn die Pflanzen wieder anfangen zu treiben, muss öfter und regelmäßig gegossen werden. Bei sonnigem, warmem Wetter sollte man die Räumlichkeiten auch mal lüften.

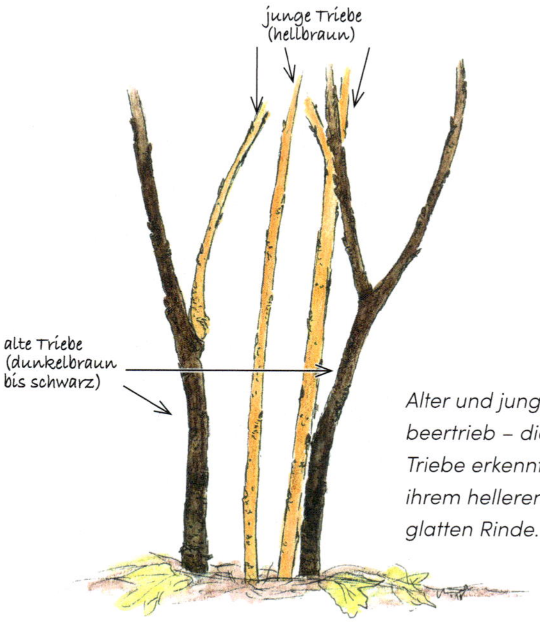

Alter und junger Johannisbeertrieb – die neuen Triebe erkennt man an ihrem helleren Holz und der glatten Rinde.

Beerensträucher schneiden

In der Zeit der Vegetationsruhe ist die beste Gelegenheit, die Beerensträucher nachzuschneiden. Andere Arbeiten im Garten ruhen, man hat jetzt Zeit dafür. Auch Blätter gibt es noch keine, die den Blick auf das Grundgerüst der Pflanze stören würden.

Johannisbeeren:

Jedes Jahr aus jedem Strauch ca. drei alte, abgetragene Äste rausnehmen, das heißt unten am Wurzelstock mit einer scharfen Heckenschere abschneiden. Ältere Triebe sind meist ziemlich dick und die Rinde ist dunkel, fast schwarz, junge Triebe sind hellbraun. Schwarze Johannisbeeren fruchten am zweijährigen Holz, rote und weiße am zwei- bis dreijährigen Holz. Auch niedere Bodentriebe sowie dünne und schwache werden entfernt. Die Beerenhecke sollte luftig aufgebaut sein, so werden die Beeren gleichmäßig reif, das Pflücken geht leichter, man kommt überall dran. Eng stehende Äste reiben aneinander und verletzten sich gegenseitig an der Rinde.

Himbeeren:

Es gibt zwei Arten – Sommer- und Herbsthimbeeren. Erstere treiben ihre neuen Fruchtruten schon im Sommer für die Ernte im nächsten Jahr, also am zweijährigen Holz. Die abgetragenen Ruten werden nach der Ernte im August möglichst bodennah abgeschnitten, die neuen Ruten aufgebunden und mit Kompost versorgt. Herbsthimbeeren dagegen tragen am einjährigen Holz, hier werden alle Ruten im Winter oder Vorfrühling bodennah entfernt. Die neuen Ruten wachsen dann im Frühjahr für die Ernte ab September.

Brombeeren:

Brombeeren fruchten am zweijährigen Holz. Schneiden Sie die alten, trockenen Äste raus, binden Sie die jungen auf und kürzen Sie bei den Seitentrieben auf zwei bis drei Fruchtansatzstellen ein.

Brombeerrückschnitt: Der Schnitt zielt auf einen lockereren, gut beerntbaren Aufbau ab. Dabei wird berücksichtigt, dass Brombeeren am zweijährigen Holz fruchten.

Beerenobst mulchen

Der Boden unter den Sträuchern in meinem Beerengarten ist gemulcht, mit Walnussblättern im Herbst und Strohmist aus den Kälberboxen im Januar. Er wird wallförmig aufgeschichtet. Fast alle Beerensträucher sind Flachwurzler, so ist der Mulch Schutz vor Austrocknung im Sommer und Dünger zugleich. Eine Bewässerung in Trockenperioden erübrigt sich meist. Die Graswege zwischen den Sträuchern werden im Sommer gemäht und das Schnittgut ebenfalls auf dem Wall verteilt. Die Mulchschicht misst im Frühjahr gut 40 cm, im Herbst bleibt nur noch eine dünne Strohschicht liegen. Weitere Düngegaben bekommen die Beeren nicht, die Reihen bleiben fast unkrautfrei und überreiche Ernten sind jedes Jahr sicher.

Dicke Bohnen vorkeimen

Die heimischen Dicken Bohnen vertragen kühle Temperaturen und erschrecken auch bei Nachtfrösten von bis zu −4 Grad Celsius nicht. Je früher sie gesteckt werden, desto besser. In milden Gegenden können sie ab Mitte Februar 3 bis 4 cm tief in einem Abstand von 10 bis 15 cm gelegt werden. Ich ziehe meine ab Ende Februar in Töpfen an, jeweils zwei der großen gebeizten Samen kommen in einen Topf. Im Folienhaus mit einer zusätzlichen Abdeckung keimen diese dann recht schnell. Sobald sich die ersten Blattpaare entwickelt haben und der Boden im Garten abgetrocknet ist, können die Jungpflanzen im März ins Beet gepflanzt werden. So wachsen sie den gefürchteten schwarzen Läusen davon.

Fast alle Beerensträucher sind Flachwurzler und freuen sich über eine dicke Mulchschicht im Frühjahr, die die Wurzeln vor Austrocknung bewahrt und gleichzeitig Nährstoffnachschub liefert.

CHARLOTTES MISCHKULTURBEET *im Januar & Februar*

Walburgas Mischkultursystem nach Familienzugehörigkeiten ist eine einfache Möglichkeit, Fruchtfolge und Mischkultur auch in kleinen Gärten umzusetzen. Um das Prinzip anschaulich und nachvollziehbar zu machen, wollen wir uns übers Jahr anhand eines Beispielbeetes anschauen, wie das konkret in der Praxis aussehen kann. Das Beet und die vorgeschlagenen Arten können einfach nachgebaut oder nach Belieben abgewandelt, ergänzt, erweitert werden. Ein praktischer Leitfaden, an dem entlang man sich nicht nur durch ein Gartenjahr, sondern auch durch viele kommende Jahre hangeln kann: Jahr für Jahr rutschen die Reihen einfach eins weiter und garantieren so Abwechslung und Vielfalt im Beet.

Das Beet muss nicht allzu groß sein, ein kleines zusammenhängendes Gartenstück von etwa 4 × 3 m (oder länger, je nach Platz) ohne feste Wege reicht aus. Für Bearbeitung, Aussaat, Pflanzen und andere Tätigkeiten kann man einfach zwischen den Reihen laufen und danach hinter sich wieder locker krailen. Mit relativ wenig Aufwand soll das Beet den Großteil des Jahres frisches Gemüse und Salat aus dem Garten liefern. Bei mehr Platz kann man von allen Arten zwei Reihen anlegen.

Wer es lieber mit festen Wegen mag, legt alternativ vier kleine Beete à 1,2 m Breite und etwa 3 m Länge an – die Abstände beziehungsweise Wege zwischen den einzelnen Beeten sollten erfahrungsgemäß mindestens 20 cm breit sein, besser mehr. Pro Beet sieht man drei Kulturen vor, die Zucchini braucht ein Beet für sich allein.

Neben den Tomaten soll Kapuzinerkresse wachsen – als lebendige und schmackhafte Mulchdecke unter den Tomatenpflanzen. Zwischen Kohlrabi und Zuckererbsen kommt zur Abwechslung und Gesundheitsförderung in der Gemüsefolge (und in der Küche) eine Reihe Ringelblumen. Das sind insgesamt zehn verschiedene Kulturen. Wegen des hohen Platz- und Nährstoffbedarfs werden den Tomaten zwei und der Zucchini drei Reihen statt einer zugewiesen. Das ergibt 13 Reihen mit einem Reihenabstand von 30 cm und jeweils mindestens 20 cm zu den Beeträndern. Um die Anbaufläche optimal auszunutzen, können außerdem verschiedene Vor- und Nachkulturen in freigewordene Reihen gesät oder gepflanzt werden.

In unserem Beispielbeet sollen als Hauptkulturen acht Arten aus den verschiedenen Familien angebaut werden:

- **Zwiebel und Lauch (Lauchgewächse)**
- **Karotte (Doldenblütler)**
- **Pflücksalat (Korbblütler)**
- **Für den Freilandanbau geeignete Tomaten (Nachtschattengewächse)**
- **Mangold (Gänsefußgewächse)**
- **Kohlrabi (Kreuzblütler)**
- **Zuckererbse (Hülsenfrüchtler)**
- **Zucchini (Kürbisgewächse)**

Wir schauen uns nun in jedem Monatskapitel an, wie es im Beispielbeet so aussieht und welche Arbeiten anstehen.

Das Mischkulturbeet im Januar & Februar

Im Januar und Februar ist von diesen Kulturen im Beet zunächst noch wenig zu sehen. Eventuell stehen vom Vorjahr noch überwinterte Gemüse im Beet und warten auf die Ernte; vielleicht auch Gründüngungspflanzen wie *Phacelia* (eine ideale Beetvorbereitung, einfach im Herbst einsäen). Da in vielen Regionen im Februar noch keine guten Startbedingungen herrschen, legen wir in unserem Beispielbeet erst im März, April richtig los. Jetzt ist noch Zeit, Saatgut zu sichten und zu sortieren, eventuell Sorten nachzubestellen und sich um Anzuchterde zu kümmern. Wenn der Boden im Beet nicht mehr zu nass ist und klebt, kann er schon mal mit der Grabegabel gelockert und durchgekrailt werden. Auch die zukünftigen Reihen können bereits abgemessen und mit Hölzern oder ähnlichem markiert werden.

Das Mischkulturbeet Ende Februar: Bei abgetrockneten und leicht erwärmten Böden können Ende Februar im Beet schon die ersten Vorbereitungen beginnen. Boden lockern oder umgraben, glatt krailen und Reihen ausmessen und markieren. In kälteren Regionen lieber noch bis März warten.

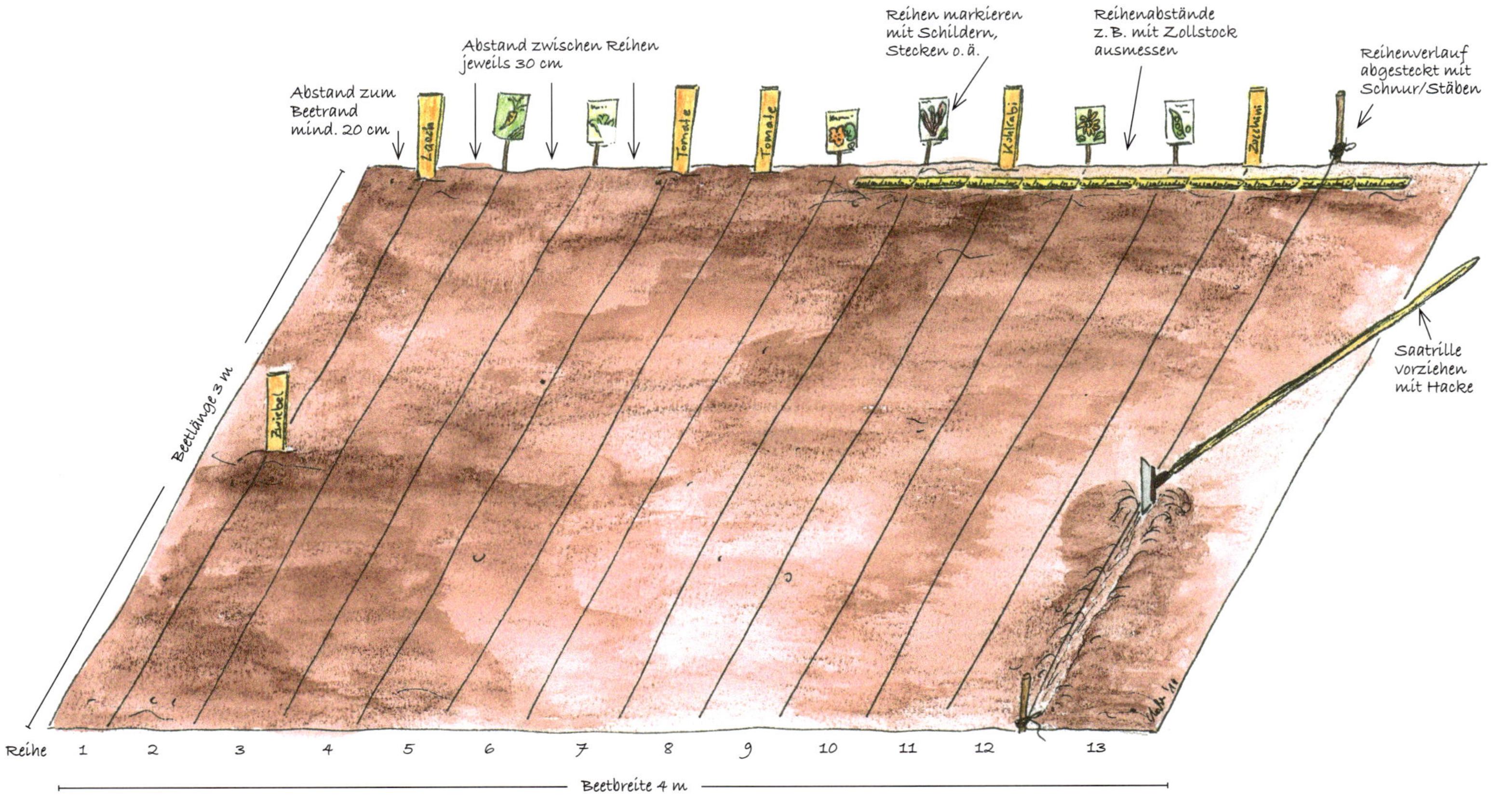

DO IT YOURSELF!
Charlottes & Walburgas Gartenideen

Hilfreiche Tipps im Frühjahr, wenn die Arbeit im Gemüsegarten so langsam wieder losgeht und voller Freude der Boden für die ersten Setzlinge und Samen gerichtet wird.

Wie man mit Orangenschalen Schnecken fängt

Hat man im Frühjahr nicht unweigerlich die gefräßigen, schleimigen Widersacher im Kopf, die einem den ganzen Spaß an der herrlichen Gartenarbeit so richtig vermiesen können? Aus Erfahrung wissen wir: Schnecken lassen sich nicht wirklich bekämpfen, sondern nur im Zaum halten. Und damit sollten Sie schon im zeitigen Frühjahr anfangen, an sonnigen, schneefreien Tagen schon im Januar.

Am besten sammelt man anfallende Orangenschalen und legt jeden Morgen ein paar am Rand von Beeten und Rabatten aus – und zwar so, dass die orange Seite auf dem Boden liegt. Am nächsten Morgen gehen Sie ihre „Fressplätze" ab und sammeln ein, was sich an hungrigen Kriechern einfindet. Sie werden staunen, was da in ihrem Garten schon zur Winterzeit unterwegs ist. Wurden die Fressplätze angenommen, legt man so lange mit frischen Schalen aus, bis sich keine Schnecken mehr einfinden. Regelmäßig abgesammelt hält man auf diese Weise größere Invasionen in Schach, denn jede gefangene Schnecke legt keine Eier mehr.

Walburgas DIY-Pflanzschilder

Ich nehme die Deckel der 1-Kilo-Joghurteimer, schneide den Falz weg und teile die verbleibende runde Scheibe wie eine Torte ein. Auch ein Milchkarton eignet sich, in breitere Streifen geschnitten, gut. Mit einem dünneren Marker beschriftet, überstehen die kleinen Helfer auch tägliche Gießgüsse.

Restfliesen, die beim Renovieren übrigbleiben oder vom Fliesenleger abgegeben werden, eignen sich vorzüglich zum Beschriften. Die Flächen lassen sich mit einem wasserfesten Stift leicht beschreiben und durch die eckige Form werden die Fliesen einfach nur ins Beet gesteckt.

Als Köder ausgelegte Orangenschalen locken Nacktschnecken an.

Ob Tetra Pak, Plastikschälchen oder Joghurtdeckel: Viele Verpackungsgefäße eignen sich wunderbar als Recycling-Pflanzschalen oder -Namensschilder.

Upcycling: Kleingewächshäuser mit Walburga

Für die ersten Anzuchtarbeiten auf der Fensterbank oder dem Gewächshaus müssen nicht unbedingt Aussaatschalen gekauft werden. In jedem Haushalt finden sich geeignete Verpackungsteile. Im Prinzip ist alles zu gebrauchen, was steht und eine feste Form hat. Meine Bekannten wissen, ich sammle durchsichtige Plastikbehältnisse von Gemüse und Obst. Das sind tolle „Kleingewächshäuser". Auch Milchtüten sind gut zu verwenden, in den unteren Teil säe ich Sonnenblumen, Zucchini oder Kürbisse, also Samen, die nicht pikiert werden müssen und viel Platz brauchen. Die obere Hälfte wird als Beschriftungsstreifen zweckentfremdet. Auch Klopapierrollen verhelfe ich so zu einem zweiten Leben, diese sind hoch genug für die langen Wickenwurzeln. **Wichtig:** Immer Abzugslöcher für das Gießwasser hineinschneiden!

Holzpresse für kleine Pflanzentöpfchen aus Zeitungsstreifen – ideal zum Pikieren oder zur Ansaat von Arten, die später nicht gerne pikiert werden wollen, wie Kürbis, Gurke und Zucchini.

Charlottes Secondhand-Pflanzschalen

Ich pikiere seit einigen Jahren meine Sämlinge in kleinen Zeitungstöpfchen, die aus Zeitungsstreifen mit einer Holzpresse gepresst und mit Erde gefüllt werden. Die Presse muss man einmal kaufen (gibt es preiswert bei verschiedenen Gartenbedarfshändlern und im Internet), Zeitung fällt immer irgendwo an. Ideal für die Anzucht weniger Jungpflanzen oder bei begrenztem Platz am Fensterbrett (Plastikbehältnis unterstellen). Bei Arten, die nicht gerne pikiert werden wie Kürbis, Gurke oder Zucchini, kann man den Samen einfach direkt in das Zeitungstöpfchen stecken. Die Jungpflanzen können später samt Zeitungstöpfchen ausgepflanzt werden. Wenn man den Boden etwas öffnet, tun sich die feinen Wurzeln leichter.

DIE GUTEN INS TÖPFCHEN
Ernten & Rezeptideen

Jetzt leben wir von den Vorräten. In klassischen Selbstversorgerhaushalten kommt auf den Tisch, was im Sommer und Herbst eingekocht oder eingelagert wurde oder was noch an Wintergemüse im Garten steht und laufend frisch für den täglichen Gebrauch geerntet werden kann. Ich liebe diese Zeit, weil ich nun von der Arbeit des Sommers leben kann. Im Keller auf den Regalen stehen verschiedenste Marmeladen, Tomatensoße, Birnenkompott oder Johannisbeersirup. In großen Eimern sind die Wurzelgemüse eingemietet und auf dem Natursteinboden liegen nach Sorten getrennt die Kartoffeln. Nach meinem wöchentlichen Kochplan hole ich mir aus Garten und Keller, was ich fürs Mittagessen brauche – ein schönes Gefühl.

Frostfeste Sorten von Lauch und Braunkohl können problemlos im Beet überwintern.

Das wird jetzt geerntet

Geerntet werden Grünkohl, Rosenkohl, Lauch, Schwarzwurzel und Feldsalat direkt aus dem Garten an frost- und schneefreien Tagen. Am frischesten ist Gemüse einfach vom Feld – und das auch im Winter. Viele Arten können draußen bleiben, wenn frostfeste Sorten angebaut wurden. Spätestens jetzt lernt man die Vorzüge spezieller Wintersorten zu schätzen.

Grünkohl wird Blatt für Blatt von unten nach oben abgeerntet. Er schmeckt erst richtig gut, wenn einige Frostnächte die krausen Blätter gefrieren ließen. Der Kopf sollte nicht geerntet werden, er garantiert die Frostfeste und verhilft dem Gemüse im zeitigen Frühjahr zu frischem Grün. Auch die gelbgrünen Blätter des **Butterkohls** können einzeln oder als lockerer Kopf den ganzen Winter geerntet werden.

Die hohen Stängel des **Rosenkohls** werden ebenso von unten nach oben beerntet. Für eine Mahlzeit breche ich die Röschen von mehreren Pflanzen ab. Die oberen kleineren Röschen wachsen auch im Winter weiter, aber langsam. Damit dies funktioniert, darf man im Herbst, wie vielfach empfohlen, den lockereren Kopf der Pflanze nicht ausbrechen. Erst ganz zuletzt, wenn alle Röschen abgeerntet sind, lässt sich dieser noch zu einem leckeren „Trunk" oder zu einer Gemüsesuppe verarbeiten.

Mit der Grabegabel werden die **Lauchstangen** gelockert und herausgezogen. Durch das dichte Wurzelgeflecht sitzen sie immer ziemlich fest. Wurzeln abschneiden, die Stangen der Länge nach bis auf ein kurzes Stück mit einem Messer aufschneiden und unter fließend Wasser waschen. Zwischen den Blattschichten sitzt oft sehr viel Erde, die man von außen nicht sieht.

Ebenfalls an frostfreien Tagen lässt sich auch die äußerst schmackhafte **Schwarzwurzel** ernten. Die langen schwarzen Wurzeln brechen sehr leicht, deshalb sollte man mit einem Spaten schräg, seitlich neben die Pflanze in den Boden stechen und tief lockern. Oft sind die Wurzeln länger als der Spatenschaft lang ist. Am besten die Wurzeln gut freilegen, damit sie im Ganzen aus der Erde gezogen werden können. Die Wurzeln bürsten und mit einem Spargelschäler vorsichtig die schwarze Haut entfernen. Am besten Handschuhe tragen, denn die weißen Wurzeln haben einen milchigen, klebrigen Saft, der sich sofort verfärbt. In mundgerechte Teilstücke schneiden und in eine mit Wasser gefüllte Schüssel legen. Anschließend 2 bis 3 EL Obstessig dazugeben. So behalten die Wurzeln ihre weiße Farbe. Das macht ein bisschen Arbeit, aber es lohnt sich. Schwarzwurzel schmeckt wunderbar und wurde früher als „der Spargel des armen Mannes" bezeichnet.

Die kleinen Rosetten des **Feldsalates** werden im Ganzen an der Wurzel abgeschnitten. Hier wächst leider nichts mehr nach.

Wer eingelagert hat, kann jetzt Zuckerhut aus dem Einschlag oder Rot- und Weißkraut zur Verarbeitung aus dem Keller holen. Hier gilt allerdings, dass die Köpfe schmackhafter sind, wenn sie draußen stehen blieben. Mit etwas Schutz ist dies auf jeden Fall in milderen Gegenden einen Versuch wert.

Aus der Miete im Keller stehen außerdem immer noch Rote Bete, Karotten, Kartoffeln und Sellerie für die Küche zur Verfügung.

Rosenkohl im Schnee: Die feinen Röschen werden nach Bedarf von unten nach oben abgeerntet.

GUT ZU WISSEN

Sie können gefrorenes Gemüse durchaus ernten, es muss aber auch im gefrorenen oder halb angetauten Zustand weiterverarbeitet werden. Im Prinzip behandelt man es dann wie solches aus der Gefriertruhe. Da man bei der Verarbeitung aber ziemlich kalte Finger bekommt, wartet man besser frostfreie Tage ab.

Rezeptideen aus Keller & Vorrat

BUNTES WURZELGEMÜSE AUS DEM OFEN MIT FETA-DIP

WIR BENÖTIGEN DAZU:

Wurzelgemüse, z. B. Pastinaken, Möhren, Wurzelpetersilie oder auch Rote Bete, (Süß-)Kartoffeln
Feta (150 o. 200 g je nach Packungsgröße)
250 g Joghurt
Abrieb von 1 Zitrone
Gefrorene Kräuter
1 Esslöffel Olivenöl
Salz und Pfeffer nach Belieben

SO WIRD'S GEMACHT:

➔ Wurzelgemüse je nach Schalenzustand und Geschmack schälen oder nicht und in grobe Streifen oder Schnitze schneiden (alle etwa gleich dick).

➔ In einer Schüssel mit Olivenöl und (selbstgemachtem) Rosmarin-Kräutersalz mischen und auf ein mit Backpapier ausgelegtes Blech geben.

➔ Im Ofen bei etwa 200 °C backen, bis das Gemüse schön bissfreundlich ist.

➔ Für den Dip Feta in einer Schüssel mit der Gabel klein drücken, mit Joghurt, Olivenöl und den gefrorenen Kräutern mischen und mit der Zitronenschale und Salz und Pfeffer abschmecken.

ZUCKERHUTSALAT MIT APFELSTÜCKCHEN ODER SPECK, GERÖSTETEN BROTWÜRFELN UND BRENNNESSELSAMEN

WIR BENÖTIGEN DAZU:

1 Zuckerhut
1 Apfel
Saft von ½ Zitrone
Oder: 3 Esslöffel Brennnesselsamen
1 große Scheibe Brot
Speck

SO WIRD'S GEMACHT:

➔ Zuckerhut ca. 10 Minuten in lauwarmen Wasser baden lassen (mildert die Bitterstoffe).

➔ Währenddessen Apfel in kleine Stücke schneiden, mit Zitronensaft beträufeln.

➔ Zuckerhutblätter kleinschneiden und zu den Apfelstückchen in eine Salatschüssel geben.

➔ Alternativ Brot in kleine Würfel schneiden, in Sonnenblumenöl zusammen mit Brennnesselsamen und Speck goldbraun anbraten.

➔ Weißweinessig mit Olivenöl und 1 bis 2 EL Joghurt gut mischen, mit Kräutern und Salz abschmecken und über den Salat gießen, mischen – fertig!

Auch lecker mit Orangenstückchen.

ROTE GRÜTZE MIT BEEREN UND QUARKSAHNE

WIR BENÖTIGEN DAZU:

ca. 500 g tiefgefrorene Beeren vom letzten Gartenjahr
1 Päckchen Vanillepuddingpulver
Wasser
250 g Sahne
250 g Quark
Zucker nach Belieben

SO WIRD'S GEMACHT:

➔ Gefrorene Beeren (geht im Sommer natürlich auch mit frischen) im Töpfchen auf dem Ofen mit wenig Wasser auftauen und köcheln lassen.

➔ Währenddessen Puddingpulver mit 1 bis 2 EL Rohrzucker und 6 EL Wasser mischen (Schneebesen), in die aufgetauten, köchelnden Beeren mischen, kurz aufkochen lassen, vom Herd nehmen.

➔ Sahne steif schlagen, Quark unterheben.

➔ Warten bis die Beerengrütze erkaltet ist und dann abwechselnd mit der Sahnequarkmischung in Gläser schichten – sehr lecker!

Bunte Kartoffeln und Wurzelgemüse auf dem Weg in den Ofen.

WAS DIE OMA SCHON WUSSTE
Wertvolles Wissen wiederentdeckt

Sind Zwiebeln luftig und trocken gelagert, können sie auch kalt überwintern.

Zwiebellagerung

Wenn Zwiebeln gut getrocknet sind und nicht feucht werden (unterm Dachvorsprung oder Schuppen), können sie sehr gut kalt überwintern. Sie vertragen Frost, auch längere und sehr kalte Perioden; dürfen dann aber nicht gedrückt oder bewegt werden.

Obstbäume weißeln

Der Stammanstrich reflektiert das Sonnenlicht und verhindert das Platzen der Rinde an frostigen Tagen. Er wirkt gegen Pilzkrankheiten und hält Eier und Larven von Schadinsekten, aber auch Hasen ab. Er lohnt sich auf alle Fälle bei jungen Bäumen. Selbstgemacht: 1,5 Kilogramm Brandkalk, 10 Ltr. Wasser (Schachtelhalmtee), 500 g. Tapetenkleister, Lehm, frische Kuhfladen, pulverisierter Schachtelhalm. Verrühren, quellen lassen, lose Borken, Moose und Flechten entfernen, anstreichen.

Ruß für Schnittlauch

Ein Tipp von Bauerngärtnerin Gertrud Schmid aus Bollenbach: Wenn der Kaminfeger da war, wird der zusammengefegte Ruß aus den Kaminen zur Düngung der Schnittlauchstöcke verwendet. Das hat schon ihre Mutter so gemacht. Heute weiß man, dass der Ruß eine natürliche Kalidüngung ist und den pH-Wert des Bodens senkt.

Wilde Brombeeren entfernen

Die Winterzeit eignet sich vorzüglich dafür, wilde Brombeerranken, die sich von alleine überall festsetzen können (und das auch fröhlich tun), zu entfernen. Andere Arbeiten im Garten ruhen. An sonnigen Tagen, bewaffnet mit einer spitzen Haue, wird versucht, die Stöcke mit den Wurzeln raus zu hacken. Das geht recht gut bei vorjährigen Trieben, die noch nicht so stark verankert sind. Deshalb sollte man diese Arbeit jedes Jahr machen, dann hat man sie einigermaßen im Griff. Ganz Herr wird man ihrer niemals werden, sollten sich die ungebetenen Gäste erst einmal im Garten etabliert haben.

Statt sie wegzuwerfen, lassen sich mit langen jungen Trieben beispielsweise einfache Kugeln in beliebiger Größe formen. Dazu mit einem Trieb anfangen und diesen wie ein Wollknäuel wickeln. Neue Triebe zur Fixierung ein kurzes Stück in das Knäul stecken und weiter wickeln, bis die Kugeln die gewünschte Größe erreicht haben. Die Kugel braucht weder Draht noch Schnüre, sie hält in sich durch die bestachelten Ranken.

Bild rechts:
Dekokugel aus Brombeerranken – durch die bestachelten Ranken hält die Kugel ohne Draht oder Schnüre.

MÄRZ & APRIL

Raus an die Frühlingsluft

WAS IST ZU TUN IM MÄRZ & APRIL ?

- Wenn der Boden abgetrocknet und etwas erwärmt ist, können Bodenbearbeitung und erste Freilandaussaaten beginnen.
- Der phänologische Kalender hilft, den richtigen Zeitpunkt für verschiedene Gartenarbeiten zu finden.
- Wärmeliebende Gemüse mit langer Kulturdauer, wie Tomate, Paprika, Auberginen und Co., werden spätestens jetzt am Fensterbrett oder im Gewächshaus vorgezogen.
- Überwinterte Gründüngung kann im Frühjahr bei der Bodenbearbeitung untergearbeitet oder auf den Kompost gebracht werden.

GARTENPRAXIS
Der phänologische Kalender

Früher haben Bauern und Gärtner die Natur beobachtet und sich an ihr orientiert. Eine wichtige Rolle spielten Zeigerpflanzen, die in einem bestimmten Stadium von Blüte, Fruchtreife oder Blattfall dem Gärtner signalisieren, dass es Zeit für bestimmte Arbeiten ist. Dabei geben die Pflanzen immer den richtigen Zeitpunkt an, da ihr Blühen, Reifen und Vergehen im Einklang mit der Natur geschieht. So blühen beispielsweise die Forsythien im Rheintal meist schon Anfang März, in mittleren Gebirgslagen Ende März und auf den Hochlagen des Schwarzwalds erst Mitte April. Neben der Höhenlage spielen auch kalte Talsenken oder windige Ost- oder Nordhänge eine Rolle. Die Natur treibt aus, wenn Luft und Boden sich dementsprechend erwärmt haben. Diese Signale kann man als Hinweis für den eigenen Garten nutzen.

Anzeichen in der Natur erkennen

Dieser Kalender passt zu allen Jahreszeiten und in jeder Gegend, man muss nur die Natur beziehungsweise seinen Garten genau beobachten. Wer Lust hat, kann auch darüber Tagebuch führen. Über die Jahre ist das richtig spannend!

Charlottes Tipp:

Bei uns blühen in den Sinnwiesen, einem regionalen Flusstal, je nach Jahr und Witterung ab Mitte April die Schachblumen. Eine Rarität, deren Wildform ihr Hauptvorkommen hier entlang der Sinn hat. Der Blütebeginn ist keine schlechte Orientierung für Frühjahrsarbeiten im Garten, zum Beispiel für das Setzen von Kartoffeln. Im Gegensatz zu der auch im Fränkischen feststehenden Kartoffelweisheit: „Sedzd mich im Mai, kumm I glei! Sedzd mich im Abril, kumm I, wann I will…!" reagiert auch die Schachbrettblume auf die klimatischen Veränderungen der letzten Jahrzehnte.

Der Kalender ist so aufgebaut, dass es statt vier Jahreszeiten zehn Stadien gibt, die Austrieb oder Reife der Zeigerpflanzen benennen. Als Zeigerpflanzen dienen vor allem solche Arten, die fast überall wachsen und häufig vorkommen. Am besten richtet man sich nach den Pflanzen, die im eigenen Garten oder rundherum wachsen. Hinweise zu dieser Art Gartenratgeber habe ich in einem Buch meines Opas gefunden. Dieser hat sich gerne bei der Getreidesaat oder für den Viehaustrieb an solche Zeichen aus der Natur gehalten. Bei uns gab es auch den Spruch: „Kommt die Eiche vor der Esche hält der Sommer große Wäsche, kommt die Esche vor der Eiche hält der Sommer große Bleiche."

Die Forsythienblüte im Märzgarten ist ein phänologisches Zeichen, dass es langsam auch im Gartenbeet losgehen kann.

WAS NACH DEM PHÄNOLOGISCHEN KALENDER WANN IM GARTEN ZU TUN IST

Jahreszeitliches Stadium	Anzeichen in der Natur: Was machen die Zeigerpflanzen?	Was tun im Garten?
Vorfrühling	Schneeglöckchen blühen	Tomaten und Kopfsalat im Haus vorziehen, Dicke Bohnen stecken, Lauch im kalten Folienhaus vorziehen, Sommerblumen anziehen
Erstfrühling	Huflattich und Forsythien blühen	Bei trockenem Wetter den Gartenboden lockern, erste Saaten und Setzlinge ins Beet, weitere Gemüse vorziehen
Vollfrühling	Apfelbäume blühen	Alle weiteren empfindlichen, wärmeliebenden Kulturen säen und setzen
Frühsommer	Holunderblüte	Herbstsalate und zweijährige Blumen vorziehen
Hochsommer	Lindenbäume blühen, Früchte der Felsenbirnen reifen, Johanniskraut blüht	Herbstsalate setzen und Herbstgemüse säen
Spätsommer	Brombeerernte	Kräuter und Gemüse trocknen, Gemüse einkochen
Frühherbst	Holunderbeeren und Hauszwetschgen sind reif	Kartoffeln ernten, Samenernte bei Gemüse und Blumen, Birnen, Zwetschgen trocknen
Vollherbst	Walnüsse fallen zu Boden, Laubverfärbung bei Felsenbirnen	Wurzel- und Lagergemüse ernten, Stangenbohnen Samenernte
Spätherbst	Walnusslaub fällt	Gründüngung einarbeiten, Böden lockern, Unkraut jäten, Wintermulch, Sauerkraut einschneiden

Jedes jahreszeitliche Stadium spiegelt sich im Verhalten bestimmter Zeigerpflanzen wieder und kann als Orientierung für die zeitliche Ausführung gärtnerischer Tätigkeiten genutzt werden.

Dem Zufall eine Chance geben

Es gibt einige, vor allem einjährige Gemüsearten, die sich gerne und in Fülle selbst aussamen, wenn man sie lässt. Meine Gemüsebeete sind von Staudenreihen gesäumt. Diese bieten ausgefallenen Feldsalatsamen ausreichend Schutz vor der heißen Augustsonne, so können viele Sämlinge ungestört wachsen. Im Frühjahr gibt es dann reichlich Feldsalat zu ernten.

Die Melde sät sich gerne und reichlich selbst im Beet aus. Die roten, zarten Blätter reichern erste Frühlingssalate an.

Ebenso keimen nach dem Auflockern der Beete in der warmen Märzsonne zahlreiche kleine Meldesetzlinge. Als Beimischung für Frühlingssalate sind mir diese hoch willkommen. Die roten, zarten Blätter füllen die Schüsseln zusammen mit den ersten Blattsalaten, Rucola aus dem Gewächshaus, Feldsalate vom Staudenbeet und Wildgemüsen. Was mir zu viel ist und nicht gebraucht wird, hacke ich dann einfach auf.

Wenn es der Platz in Ihrem Garten erlaubt, lassen Sie doch einfach mal einen Pflücksalat oder eine Mangoldpflanze blühen. Diese versamen sich auch gerne üppig, sodass im Frühjahr einige Jungpflanzen auf den Beeten sprießen. Sie können frisch geerntet oder auch verpflanzt werden. Interessant an der Selbstaussaat ist auch, dass die Keimlinge so gut wie nicht von Schnecken befallen werden – im Gegensatz zu den vorgezogenen Setzlingen aus dem warmen Gewächshaus.

Nachwuchs quasi umsonst produzieren auch Wildtomatensorten. Standen diese einmal im Garten kommen sie eigentlich jedes Jahr wieder. Die vielen kleinen Früchte werden meist gar nicht alle geerntet, sodass einige im Spätjahr durch Bodenbearbeitung eingearbeitet werden. Man muss allerdings etwas Geduld mitbringen, denn sie keimen erst bei relativ hohen Bodentemperaturen und das kann je nach Lage erst im Juni der Fall sein. Nichtdestotrotz werden bis zum ersten Frost wieder massenhaft Früchte zu ernten sein.

Feldsalat und 'Forellenschluss' in Ritze.

März & April: Bei zeitiger Aussaat kann im Frühling schon allerhand geerntet werden: Spinat, Radieschen, Rettich und Barbarakresse.

DIE EIGENE KINDERSTUBE
Alles über Samen, Säen & Anzucht

Heimische Kulturarten wie die Zuckererbse sollen direkt ins Beet gesät werden.

Keine Regel ohne Ausnahme, so ist es auch bei der Anzucht. Bei manchen Gärtnern tun sich bei diesem Thema tiefe Überzeugungsgräben auf. Schlussendlich gilt: Wer Erfolg hat, hat recht. Es sind mehrere Faktoren, die eine Rolle spielen, wie Höhenlage, Bodenbeschaffenheit, Kleinklima und die Wahl der passenden Sorte für all diese Faktoren, um nur ein paar zu nennen. Wir zeigen Ihnen die verschiedenen Möglichkeiten, entscheiden dürfen Sie dann selbst und dabei Ihre eigenen Erfahrungen mit den Gegebenheiten in Ihrem Garten machen.

Das kleine Anzucht-Einmaleins

Es gibt Pflanzenarten, die unbedingt vorgezogen werden müssen, um in unseren Breiten eine gute (oder überhaupt eine) Ernte zu bringen. Auch ist bei einigen Arten die Keimtemperatur sehr hoch, diese können wir nur unter Glas erreichen. Sie werden als Jungpflanzen nach Ende der Frostgefahr in den Garten gesetzt (Tomaten).

Auch Pflanzen, die ein sehr feines Saatgut haben (Löwenmäulchen), werden nicht gerne einfach in die Beete gesät. Dann gibt es noch Arten, die eine lange Keimdauer haben (Neuseeländer Spinat) oder zusätzlich noch eine höhere Keimtemperatur benötigen. Bei all den genannten ist eine Anzucht unbedingt erforderlich und in jedem Fall erfolgversprechender als eine Direktsaat. Natürlich braucht man dafür einen geeigneten hellen, warmen Ort oder ein Gewächshaus. Sollten Sie beides nicht zur Verfügung haben, ist es meist ratsamer, die Jungpflanzen zu kaufen.

Darüber hinaus gibt es auch solche, die man vorziehen kann, die aber auch zu einem späteren Zeitpunkt ohne Probleme ins Beet gesteckt oder gesät werden können (Zucchini). Als Nachteil ist in jedem Fall der hohe Arbeitsaufwand bei der Anzucht zu werten. Dafür lässt sich aber eine frühere Ernte oder Blüte erreichen. Manchmal ist es auch so, dass die direkt gesäten nicht wesentlich später dran sind und mit der wärmeren Jahreszeit diesen Nachteil bald wieder aufholen. Bei Blattsalaten habe ich die Erfahrung gemacht, das direkt ins Beet gesäte Salate von den Schnecken nicht beachtet wurden, Vorgezogene dagegen schon. Andererseits sind ausgepflanzte Setzlinge (Kürbisse oder Gurken) kräftiger und schon größer und können sich eventuell besser gegen Schnecken behaupten.

Direktsaat ist möglich für die meisten einjährigen Gartenblumen. Viele heimische Kulturarten wie Mangold, Erbsen, Pflücksalat, aber auch Spinat und Bohnen können direkt gesät werden. Ebenso brauchen alle Wurzelgemüsearten keine Kinderstube, im Gegenteil, sie würden nur kümmern und nicht recht anwachsen.

VORANZUCHT ODER DIREKTSAAT?

	Was?	Wann?
Vorziehen lohnt sich	Tomaten, Chili, Paprika, Auberginen, Andenbeeren, Melone, Lauch, Dicke Bohnen	Februar
	Kopfsalate, Neuseeländer Spinat, Brokkoli, Stangensellerie, Kohlrabi, Tagetes, Knollensellerie, Löwenmäulchen	März
	Zucchini, Kürbis, Gurken, Kopfkohlarten, Basilikum, Peterle, Dill	April
	Zweijährige Blumen und Stauden	Mai
	Zuckerhut, Radicchio, Endivien	Juni
	Wintersalate	August
Vorziehen möglich	Kürbis, Zucchini, Gurken, Sonnenblumen, Tagetes, Kapuzinerkresse	April
	Feldsalat	September
Direktsaat	Wurzelgemüse (Karotten, Schwarzwurzel, Pastinake, Rote Bete, Haferwurzel etc.), außerdem Mangold, Melde, einjährige Sommerblumen (April), Erbsen, Busch Bohnen, Spinat, Kartoffeln, Schnittsalate	März, April
	Spinat, Herbstrüben, Winterrettich Feldsalat, Schnittsalate, Asiasalate	August, September

CHECKLISTE

Was wird im März vorgezogen?

- **Korbblütler – Kopfsalate, Eichblattsalate, Blattsalate**
- **Kreuzblütler – Kohlrabi, Brokkoli**
- **Doldenblütler – Stangensellerie**
- **Eiskrautgewächs – Neuseeländer Spinat**
- **Einjährige Blumen für die Mischkultur – Tagetes, Zinnien, Löwenmäulchen, Sonnenblumen**

Was wird im April vorgezogen?

- **Kreuzblütler – Rotkraut, Weißkraut, Rosenkohl**
- **Kürbisgewächse – Kürbisse, Zucchini**

Anzuchterde selber mischen

Auf den Wiesen finden sich im Spätwinter oft sehr viele frisch gestoßene Maulwurfshügel. Diese Erde stammt aus tieferen Bodenschichten und gilt als unbelastet, nicht so nährstoffreich und frei von Unkrautsamen. Frische Maulwurfshügel sollte man mit Eimer, Handschaufel und am besten auch mit einer Schubkarre einsammeln. Die Erde ist relativ schwer. Dann mischt man mit gleichem Teil reifen Kompost, siebt sehr fein und hebt etwa gleich viel Sand, reine Holzasche und Gesteinsmehl unter. Die Sandmenge kann variieren, je nachdem wie hoch der Sandanteil in der Erde ist. Das Erde-Sand-Verhältnis sollte bei 2:1 oder maximal 3:1 liegen. Für die Feuchtigkeitsspeicherung der Erde können noch Moose kleingeschnitten untergehoben werden. Diese Mischung eignet sich vor allem bei größeren Samen und solchen, die nicht zu nass keimen möchten, wie Kürbisse oder Bohnen. Aussaaterde bleibt stets ungedüngt.

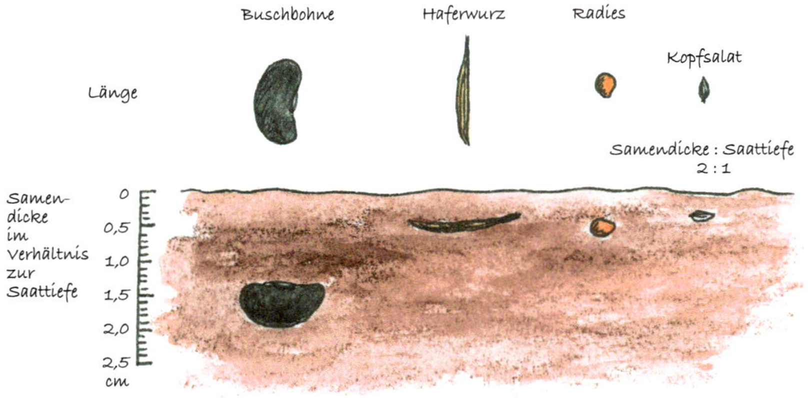

Saattiefe im Verhältnis zur Samendicke am Beispiel verschiedener Samen. Als einfache Faustregel gilt: Saattiefe gleich zweimal Samendicke.

Richtig säen

Immer wieder tauchen in der Literatur oder in themenbezogenen Foren die Begriffe Licht- und Dunkelkeimer auf. Aber anstatt Licht ins Dunkel zu bringen, wird der Leser oft noch stärker verunsichert. Denn jeder Schreiber hat seine eigene Definition dafür. Als einfache Faustregel kann dieser Merksatz helfen: Alle Samen mit doppelter Bodenstärke im Verhältnis zur Samendicke zudecken. Sehr feines und leichtes Saatgut kann daher auch als Lichtkeimer bezeichnet werden, da die Samen mit nur wenig Erde zugedeckt werden, sodass das Tageslicht als Keimimpuls den Samen gut erreicht. Gespeicherte Energie zum Keimen ist in kleinen Samen schnell „verbraucht“. Größere und große Samen dagegen liegen gut zugedeckt unter der Erdoberfläche und entsprechend der Samengröße ist die Keimenergie auch höher. Mit dieser können sie sich besser durch die Erde zur Oberfläche kämpfen und werden deshalb auch als Dunkelkeimer bezeichnet.

Ich habe ein einfaches Foliengewächshaus, das ich für die Gemüseanzucht, zum Vortreiben von Geranien und Dahlien oder für Tomaten und Basilikum nutze. Es heizt sich bei Sonne relativ schnell auf, dementsprechend kann es bei Frost und in den Frühlingsnächten auch ziemlich kalt werden. Deshalb verwende ich gerne Verpackungsschalen, quasi wie Kleingewächshäuser. So habe ich ein Gewächshaus im Gewächshaus. Jede Schale beherbergt dann immer nur eine Sorte.

So wird's gemacht:

- **Aussaatschalen mit Aussaaterde füllen, gut andrücken. Je nach Gefäßform können leere Deckel oder selbstgebastelte Spatel zum Andrücken dienen.**
- **Die Erde mit einer mit Wasser gefüllten Sprühflasche anfeuchten. Um die feinen Samen nicht mit einem Gießwasserstrahl zu verwirbeln, empfiehlt es sich, zur Anzucht immer eine Sprühflasche zu verwenden.**
- **Samen nicht zu dicht im Gefäß verteilen, das behindert beim Keimen. Je nach Größe des Samens, vorsichtig Erde darüber verteilen, bei sehr feinem Saatgut am besten sieben und wieder gut andrücken. Das ist wichtig, damit die Samen Bodenschluss bekommen.**
- **Einzelne, große Samen wie Kürbisse kommen besser in kleinere Blumentöpfe, zwei oder drei Samen in einen Topf. Wenn alle keimen, wird nur der kräftigste stehen gelassen.**

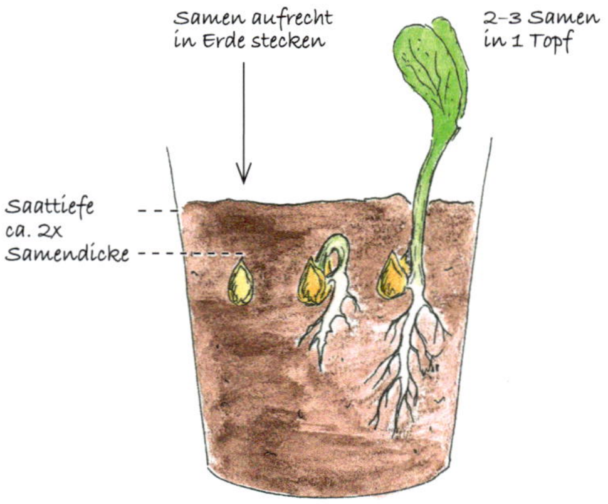

Kürbissamen werden aufrecht in die Erde gesteckt, am besten zwei bis drei in einen kleinen Topf. Nach dem Keimen bleibt nur der kräftigste stehen.

Charlottes Tipp:

Für die Aussaat verschiedener Arten in einer Schale nutze ich in der Regel ein altes Lineal. Damit kann man gut Saatrillen ziehen und diese nach dem Einsäen und Andrücken der Samen mit dem quergelegten Lineal wieder zuziehen.

Richtig pikieren

Pikieren regt das Pflanzenwachstum an und gibt den Setzlingen mehr Platz. Wichtig ist es, nicht zu große Töpfe zu nehmen, die Wurzeln wollen die Topfwände schnell erreichen können. Die Sämlinge der meisten Gemüsepflanzen werden pikiert, wenn die Pflanzen das erste Blattstadium erreicht haben, aber spätestens, wenn sich die Pflänzchen gegenseitig berühren (auf weiten Saatabstand achten). Meist keimen viel mehr Pflänzchen als gebraucht werden, deshalb nur die kräftigsten herausheben. Das geht am besten mit einem Bleistift, einer alten Nagelfeile oder mit einem spitzen, dünnen, alten Küchenmesser. Die Wurzeln werden dann um ca. ein Drittel, vorsichtig mit den Fingernägeln, eingekürzt. Das geht nur ohne Handschuhe und mit viel Fingerspitzengefühl. Die Sämlinge sind sehr empfindlich, auf keinen Fall sollte man sie in der Sonne liegen lassen.Mit dem Pikiergerät drückt man ein kleines Loch in die vorbereiteten kleinen Töpfe, die zuvor mit guter Erde befüllt wurden (ich nehme eine Mischung aus Gartenerde und Kompost). Mit Daumen und Zeigefinger werden die Sämlinge kurz angedrückt, ein bisschen tiefer als sie im Keimstadium standen, und vorsichtig mit Pflanzentee oder mit verdünnter Pflanzenjauche angegossen. So werden fast alle Setzlinge behandelt. 2 bis 3 Tage leicht schattig stellen, nicht in die pralle Sonne, bis die Pflänzchen angewachsen sind. Pikieren regt das Wachstum an und ist gleichzeitig eine Selektion der kräftigsten Pflanzen, alle übrigen kommen auf den Kompost.

Die Wurzeln der Salatsämlinge werden beim Pikieren um etwa ein Drittel eingekürzt. Die Pflänzchen dürfen nicht zu tief gesetzt werden.

Pikiertiefe bei Tomaten- und Salatsämlingen im Vergleich.

Ausnahmen:

Salat: Er wird so gepflanzt, dass zwischen Boden und Setzling der „Hals" zu sehen ist. Zwischen den feuchtigkeitsempfindlichen Blättern und der Erde entsteht so ein Schutz beziehungsweise Puffer.

Knollensellerie: Die Knolle bildet sich nur über der Erde, nicht tief setzen.

Tomaten und Paprika: Sie bilden am Stamm noch Wurzeln aus und werden deshalb unbedingt tiefer gesetzt. Das kräftigt die Pflanzen und ist gleichbedeutend mit mehr Ertrag. Die meisten Gemüsepflanzen werden einmal pikiert, Tomaten, Chili, Paprika am besten ein zweites Mal in einen noch größeren Topf versetzt.

Kürbisse, Zucchini, Gurken: Sie werden am besten in etwas größere Töpfe mit ein bis drei Saatkörnern gesteckt. Sie mögen es überhaupt nicht, pikiert zu werden und gehen danach oft ein.

AB IN DEN BODEN!
Das Gartenjahr im Bauerngarten

Es ist sehr verführerisch, im zeitigen Frühjahr an warmen, sonnigen Tagen, die ersten Saaten ins Gemüsebeet zu säen. In den letzten Jahren war es jedoch oft so, dass wir einen recht schönen warmen und trockenen März hatten, April und Mai dagegen nass und kalt waren. Auch wenn es einen wie magisch in die Beete zieht und viele Medien die ersten Aussaaten schon für den Februar oder Anfang März beschreiben, sollten man abwägen. Es ist meist sinnvoller, noch etwas zu warten. Keimen werden die Saaten ohnehin erst bei bestimmten, von der Art abhängigen Bodentemperaturen und ist es danach zu kalt, herrscht im Gemüsebeet tagelang Stillstand. Es gibt aber einige heimische Gemüsearten, die durchaus jetzt gesät werden können und auch sollten.

GUT ZU WISSEN

Die Beete mit Vliesen oder Folien abdecken – das bringt einen erstaunlichen Vorsprung von bis zu zwei, drei Wochen.

Bodenbearbeitung zum Gartenstart

Die erste und wichtigste Regel: niemals zu früh in die Beete beziehungsweise den Boden treten. Ist dieser noch nass, richtet man sehr viel Schaden an. Mit dem verdichteten Boden schlägt man sich das ganze Gartenjahr herum. Das gilt vor allem für lehmige, tonige Böden. Solche mit höherem Sandanteil nehmen eine frühzeitige Bearbeitung auch in feuchtem Zustand nicht so übel. Im März gibt es oft ein paar schöne, warme Tage. Die Krumme trocknet ab und die Wärme aktiviert das Bodenleben. Auch wenn es mal regnet, ab Mitte März ist die Erde nach zwei, drei niederschlagsfreien Tagen wieder schön abgetrocknet. Als Startschuss für mich gilt die Huflattich-Blüte, dann werden alle Gemüsebeete mit dem Krail aufgehackt.

Die meisten Gründüngungspflanzen frieren über den Winter ab und liegen dann als strohige Reste auf den Beeten. In diesem Fall müssen die Flächen sowieso noch gelockert werden. Daher bietet es sich an, die Reste in den Boden einzuarbeiten. Dies kann auch schon im Spätherbst geschehen. Bei schweren lehmigen oder tonigen Böden ist das auch unbedingt zu empfehlen, um die Frostgare zusätzlich auszunutzen. Bei leichten, sandigen Böden macht es auch Sinn, die Pflanzenteile auf den Kompost zu geben und die Beete nur kurz aufzuhacken.

Schwarzwurzelsamen bereit zur Aussaat: Sie sollten zeitig im Frühjahr direkt in den Boden gesät werden.

Charlottes Gartenbeet im Frühling: Die Reihen sind eingeteilt und zum Teil bereits eingesät.

Startschuss im Gemüsebeet – Direktsaaten im März & April

CHECKLISTE

Direkt gesät werden im März:

- Doldenblütler – Frühkarotten
- Gänsefußgewächse – Spinat, Melde
- Hülsenfrüchtler – Palerbsen
- Korbblütler – Schwarzwurzel, Schnittsalate
- Kreuzblütler – Radieschen
- Zwiebelgewächse – Schalotten und Etagenzwiebeln stecken, Saatzwiebeln

Direkt gesät werden im April:

- Doldenblütler – Lagerkarotten, Pastinaken
- Gänsefußgewächse – Mangold, Rote Bete
- Hülsenfrüchtler – Zuckererbsen, Markerbsen
- Korbblütler – Haferwurzel
- Kreuzblütler – Rettiche
- Zwiebelgewächse – Pflanzzwiebeln stecken

Die Beete sind gelockert und werden mit dem Gartenrechen geebnet, sodass ein feinkrümeliges Saatbeet entsteht. Je nach Anbauweise und Größe des Beetes können noch Trittwege gezogen werden, das erleichtert bei großen Gartenstücken die Bearbeitung. Mein Gartengerät, das ich fast immer in Gebrauch habe, ist eine Gartenhacke (eine Seite Hacke, andere Seite zwei breite Zähne). Diese verwende ich auch zum Ziehen der Saatrillen und umgedreht zum Zuklopfen der Reihen. Nach dem Säen werden die Reihen immer vorsichtig und locker mit der Gießkanne angegossen.

Es gibt verschiedene Aussaatmöglichkeiten:

Bei der **Reihensaat** werden die Saatreihen mit Zollstock oder Saatschnur markiert. Samen einzeln stecken oder dünn in die Rillen streuen. Wichtig dabei ist immer, nicht zu dicht zu säen, damit die Keimlinge von Anfang an Platz haben. Die Reihen wieder vorsichtig schließen, dabei je nach Samengröße so viel Erde darüber wie nötig. Mit dem Hackenrücken fest anklopfen und vorsichtig, aber ausreichend angießen.

Die **Horstsaat** ist vor allem bei Stangenbohnen üblich. Hier werden die Bohnen immer im Abstand von ca. 4 bis 5 cm um die Stangen gelegt. Erde darüber schieben, mit der Hand andrücken. Kleine Horste können auch mit Buschbohnen gesät werden.

Die **Breitsaat** benötigt ein sehr feinkrümeliges, absolut unkrautfreies Saatbeet. Das Jäten lässt sich hier nur mit der Hand erledigen. Bietet sich bei frühen Radieschen und Pflücksalat-Mischungen an, oder im Spätsommer bei Feldsalat.

Bei der **Dammkultur** wird der Boden zu zackenartigen Dämmen aufgehäufelt, mindestens 20 cm hoch und ca. 30 cm breit, je nach dem was angebaut werden soll. Sinnvoll bei schweren, zu Verdichtungen neigenden Böden und bei Gemüse mit langen Wurzeln – beispielsweise Karotte, Schwarzwurzel, Haferwurzel, Rettich und Kartoffel.

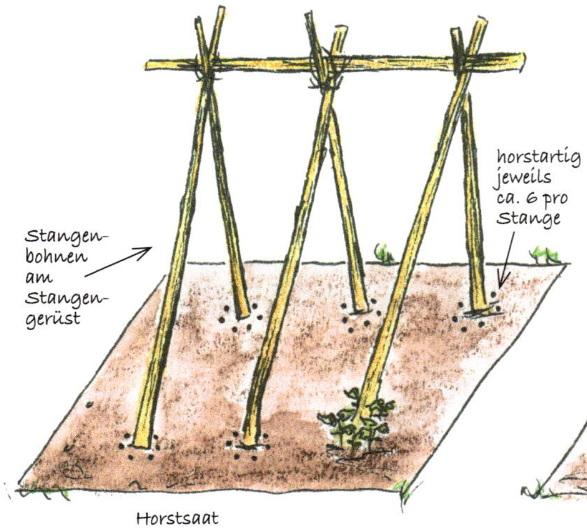

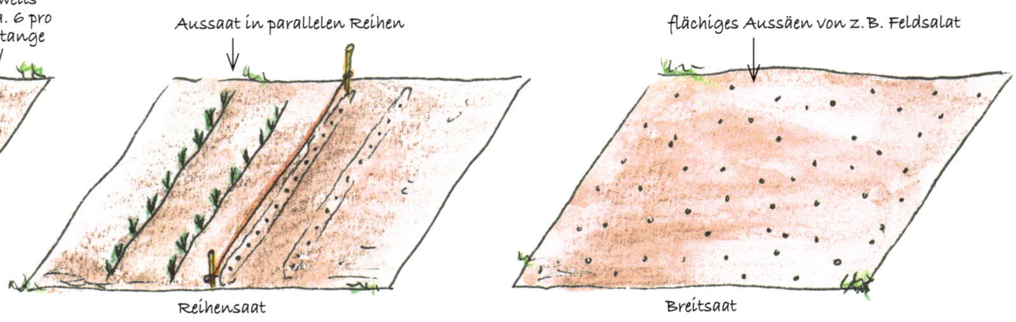

Verschiedene Aussaatverfahren (von links nach rechts): Horstsaat empfiehlt sich beispielsweise bei Stangenbohnen. Reihensaat ist praktisch für Mischkultursysteme. Breitsaat bietet sich etwa bei Feldsalat oder für Gründüngung an.

Wie sät man welches Gemüse?

Doldenblütler

Karotten: Gelbe Rüben werden das ganze Jahr über angeboten, sie sind vielseitig verwendbar und als heimisches Gemüse auf vielen Standorten anzubauen. Karotten möchten nicht in einem stark oder frisch gedüngten Beet stehen. Die Fruchtfolge von 4 Jahren ist unbedingt einzuhalten, auch mit anderen Doldenblütlern. Karotten brauchen sehr lange, bis sie keimen, etwa 3 bis 4 manchmal auch 5 Wochen. Karotten sollten Sie immer in Reihen aussäen und konsequent auf etwa 5 cm auslichten, damit die einzelnen Wurzeln genügend Platz zum Wachsen haben. Frühkarotten für den Frischverbrauch werden gesät, sobald der Boden im Frühjahr abgetrocknet ist, mit Lagerkarotten kann man noch bis Mai warten.

> **GUT ZU WISSEN**
>
> Mischen Sie ein paar Radieschen und/oder Dill unter das Möhrensaatgut. Beide keimen schnell und die Reihen sind nach wenigen Tagen gut zu erkennen. Durch die regelmäßige Ernte der Radieschen werden die Karottenreihen gleich ausgedünnt. Ich mische in einer kleinen flachen Schale Karottensamen und ein paar Radieschensamen mit Holzasche. So sieht man sofort, wo man gesät hat und die Samen keimen auch regelmäßiger.

Pastinaken: Die Pastinake zählt zu den Mittelzehrern und möchte am liebsten in humosen, lehmigen Böden stehen. Dafür müssen diese aber gut und tief gelockert werden. Die meisten Sorten bilden lange Wurzeln aus. Bei sehr schweren Böden empfehle ich die keilförmigen Sorten. Auch Pastinaken brauchen ca. 3 Wochen zum Keimen und haben zudem eine recht lange Kulturdauer von etwa 180 Tagen. Meine Lagerwurzeln säe ich im April und ernte sie im Oktober. In milden, wühlmausfreien Lagen können Sie auch noch bis Juni säen. Diese Spätgesäten bleiben draußen und werden im Winter laufend geerntet.

Hülsenfrüchtler

Erbsen: Sie werden in Reihen mit ca. 2, 3 cm Abstand gesät – entweder direkt an eine Rankhilfe oder nach dem Keimen „Reiser“ stecken. Darunter versteht man verzweigtes Schnittgut von Laubbäumen und Sträuchern, an dem sich die Erbsenranken festhalten können. Wir unterscheiden Palerbsen, Markerbsen und Zuckererbsen. Generell sollte man Erbsen immer so früh wie möglich aussäen und Folien verwenden. Erbsen setzen als Langtagpflanzen mit zunehmender Tageslänge vermehrt Blüten an. Wenn die Pflanzen also ab ca. Mitte Mai schon kräftig gewachsen sind, wird es durch die angeregte Blütenbildung auch mehr Hülsen zum Ernten geben.

Roter Mangold ist weniger winterhart als die weißgrünen Sorten, dafür ein echter Hingucker.

Gänsefußgewächse

Mangold: Als heimischer, robuster Rübenabkömmling können die braunen, geschrumpelten, etwas größeren Samen des Mangolds ab April in Reihen mit ca. 15 cm Abstand gesät werden. So haben die Pflanzen genügend Platz, sich zu entwickeln. Beim schmalblättrigen „Blattmangold" werden vor allem die Blätter genutzt. Bei den „Stielmangoldarten" gibt es zudem Sorten mit roten, orangen, gelben, weißen und natürlich grünen Stielen. Die bunten sind leider nicht so winterhart, dafür aber äußerst attraktiv. Von beiden Sorten kann man sowohl die Blätter als auch den Stiel essen.

Melde: Die einfache Melde war die europäische Spinatpflanze schlechthin, bis sie vom Spinat abgelöst wurde. Es gibt rote, violette und gelbgrüne alte Zuchtformen. Sie ist einfach anzubauen, schnellwüchsig und kann roh oder gekocht verwendet werden. Meldesamen sind maximal 2 Jahre keimfähig, deshalb ist es wichtig, frisches letztjähriges Saatgut auszusäen. Die Pflanzen eignen sich gut als schnellwachsende Vorkultur. Die jungen Pflanzen werden als Ganzes geerntet. Die flachen, leichten Samenplättchen dürfen nicht zu tief in die Erde. Gut angießen!

Rote Bete: Rote Rüben sind vielseitig verwendbar, schmecken angenehm mild, etwas erdig, aber lecker. Sie müssen aber nicht rot sein: Gelbe, orange und rosa geringelte sind ebenfalls üblich. Die sich etwas bröckelig anfühlenden, braunen Samen werden ab April am besten direkt gesät und gut mit Erde bedeckt. Sie sollten nach dem Keimen keinen Frost abbekommen. Zu dicht gesäte Reihen werden auf ca. 10 cm ausgedünnt. Zylindrische oder walzenförmige brauchen weniger Platz als runde Formen.

Spinat: Das einjährige Gemüse bringt bei kühl feuchter Witterung schnell eine reiche Blatternte. Wenn die Tage länger werden, neigen die Pflanzen extrem schnell zum Schossen (in Blüte gehen). Die Aussaat ist deshalb für das zeitige Frühjahr (März, April) und den Herbst (September) zu empfehlen. Die eckigen, hellbraunen Samen werden am besten in Reihen mit etwa 3 bis 5 cm Abstand gesät. Spinat will dunkel keimen, daher maximal 3 cm Erde darüber und gut andrücken. Als Schwachzehrer stellt er keine großen Ansprüche an den Boden und gedeiht auch im Halbschatten. Er ist allerdings mit sich selbst und mit seinen Familienmitgliedern unverträglich. Das heißt, eine vierjährige Anbaupause ist erforderlich.

Korbblütler

Schwarzwurzel & Haferwurzel: Schwarzwurzel blüht im zweiten Jahr, etwa ab Juni mit einer gelben, löwenzahnähnlichen Form. Haferwurzel dagegen blüht violett und punktet mit einem kuriosen Samenstand. Beide Arten haben ca. 1 cm lange, stäbchenartige Samen. Die werden liegend im Abstand von ca. 3 bis 4 cm in einer Saatrille verteilt. Schwarzwurzel verträgt Frost, kann und sollte so früh wie möglich gesät werden. Der Boden wird für die lange Pfahlwurzel tief gelockert. Hier lohnt sich der Anbau auf einer Dammkultur. Haferwurzel keimt innerhalb von 1 Woche. Schwarzwurzel dagegen braucht bis zu 3 Wochen. Wichtig ist hier, letztjähriges,

Sieht auch noch gut aus: Haferwurzel in Blüte.

frisches Saatgut zu haben. Es ist nur 1, maximal 2 Jahre keimfähig. Deshalb auch die relativ dichte Saat. Später wird dann auf etwa 10 cm ausgedünnt. Häufiges vorsichtiges Hacken um die Pflanzen regt das Längenwachstum an. Beide Arten können ab Oktober geerntet werden.

Schnitt- und Pflücksalate: Werden am besten an Ort und Stelle gesät. Salate haben eine niedrige Keimtemperatur und sind so gut für einen frühen Freilandanbau geeignet. Die kleinen, leichten Samen werden in eine flache Saatrille mit etwas Abstand gesät. Dann wenig Erde darüber ziehen und gut andrücken. Sollte die Saat zu dicht aufgehen, können einzelne Pflanzen auch als Ganzes abgeschnitten werden. Eine flächige Aussaat beispielsweise als Vorkultur auf Tomaten oder Zucchinibeeten und Ernte als Babyleaf sind ebenfalls möglich. Werden einzelne Pflanzen stehen gelassen, können sich je nach Sorte auch große, ausladende Salate entwickeln.

GUT ZU WISSEN

Schnitt- und Pflücksalate: Ernte einzelner Blätter. Wenn das Herz stehen bleibt, wächst die Pflanze lange weiter. Pflanzen bilden nur lockere, oft stehende Blätter aus. Kultur fast das ganze Jahr möglich. Ernte ganz junger Pflanzen als Babyleaf.
Blattsalate: Sie bilden oft große, lockere Blattrosetten, werden aber meist als Ganzes geerntet.
Kopfsalate: Sie haben geschlossene, meist runde Köpfe, je nach Sorte auch in unterschiedlichen Größen, Strukturen und Farbgebung. Hierzu gehören die klassischen Kopfsalate, Eissalate und die *Batavia*-Sorten.

Kreuzblütler

Radieschen und Rettiche: Radieschen werden als eine der ersten Kulturen im Jahr gesät, meist ab März. Das anspruchslose Gemüse verträgt auch mal leichten Frost. Eine Folienabdeckung ist hilfreich. Bei guter Wasserversorgung können die kleinen, saftigen, leicht scharfen Rübchen nach einem Monat geerntet werden. Rettiche sind etwas anspruchsvoller und brauchen ca. 10 bis 12° C Mindestkeimtemperatur, die oft erst im April zu erreichen sind. Außerdem sind sie schärfer im Geschmack und benötigen ca. 3 Monate bis zur Ernte. Beide können in Breitsaat, gemischt mit Pflücksalat, auf den Beeten ausgebracht werden. In Reihen angebaut hat sich eine Mischung mit Karotten bewährt.

Nicht nur bei Kindern beliebt: Radieschen sind eine schnellwüchsige, aber feuchtigkeitsliebende Kultur.

Reiche Zwiebelernte im Drahtkorb – mit Steckzwiebeln und in trockenen, warmen Sommern gelingt der Zwiebelanbau eigentlich immer!

Zwiebelgewächse

Zwiebeln: Zwiebeln säen und stecken – in den privaten Gemüsegärten hat sich der Anbau von Steckzwiebeln etabliert. Er ist einfach, sofern der Boden nicht tonig verdichtet oder sandig leicht ist. Zwiebeln mögen gerne humus- und nährstoffreiche Böden und die besten Ernteerfolge hat man in trockenen, warmen Sommern. Bei feuchtkühler Witterung steigt die Anfälligkeit für Krankheiten extrem an.

Stecken sollte man Zwiebeln am besten in höheren Lagen, da die Beetbestellung meist erst ab Mai erfolgt. Bauen Sie Zwiebeln in Reihen an, ein Abstand von etwa 10 cm reicht aus. Drücken Sie mit einem Setzholz ein Loch in den Boden und legen Sie die Zwiebel ein, aber nur so weit, dass die Spitze noch leicht aus der Erde ragt. Wichtig: Die Zwiebeln kommen erst ins Beet, wenn keine extremen Nachtfröste mehr drohen. Wenn ausgetriebene Zwiebeln Frost ausgesetzt sind, blühen diese nur und bilden keine Zwiebeln aus.

Wenn Sie sich für die **Aussaat** von Zwiebeln entscheiden, werden Sie auf eine große Fülle an unterschiedlichen Sorten (Saatgut) zurückgreifen können. Das ist einer der großen Vorteile bei Saatzwiebeln. Gesäte Zwiebeln sind auch recht frostunempfindlich. Sie werden in ungedüngte, steinfreie, gut gelockerte Beete schon ab Anfang März bis spätestens Ende April gesät. Zur leichteren Pflege ist nur Reihensaat zu empfehlen. Die kleinen schwarzen Samen werden in einer flachen Saatreihe mit wenig Abstand verteilt. Wenig Erde darüber und gut anklopfen, vorsichtig angießen. Bei guter Bodenerwärmung sind die Zwiebelchen innerhalb von 10 Tagen da. Wichtig: Saatreihen besonders in den ersten zwei Monaten unkrautfrei halten. Nach dieser Zeit werden die Zwiebelchen auf ca. 5 cm vereinzelt. Übers Jahr ist die Ernte ab Juni, als sogenannte Bundzwiebeln (kleine Zwiebelchen mit Laub), immer möglich. Für die Lagerung wird bis circa September gewartet, dann ist das Zwiebellaub abgestorben. Gesäte Zwiebeln bleiben zwar kleiner, sind aber oft besser lagerfähig als gesteckte.

Schalotten: Sie sollten auch schon im März gesteckt werden. Die länger werdenden Tage fördern die Zwiebelbildung. Sie werden gesteckt wie Zwiebeln, aber mit einem Abstand von ca. 15 cm. Schalotten bilden im Laufe des Sommers fünf bis sieben neue Tochterzwiebeln aus. Sie schmecken würziger als Küchenzwiebeln und haben ein feines Aroma. Die ideale Zwiebel für raue Höhenlagen.

CHECKLISTE

Setzen im März:

- Korbblütler – Blatt- und frühe Kopfsalate
- Schmetterlingsblütler – vorgezogene Dicke Bohnen

Setzen im April:

- Korbblütler – Kopfsalat
- Kreuzblütler – Kohlrabi, Brokkoli

SINNVOLLE PFLANZEN- UND REIHENABSTÄNDE

Gemüsearten	Pflanzen- bzw. Säabstand in cm	Reihenabstand 30 cm (Standardabstand)	
		Weniger	Mehr
Buschbohne	10		
Erbse	5		
Feldsalat	3-5	15-20	
Gurke	30		90-100
Gartenkräuter (1-jhr.)	10		
Haferwurzel	10		
Kapuzinerkresse	30 (3 Samen)		
Karotte	5		
Kartoffel	30		50-60
Knoblauch, Steck-	10-12		
Knollenfenchel	15-20		
Kohl	40		40
Kohlrabi	30		
Kohlrübe	30		
Kürbis	100		90-100
Lauch	15		
Mangold	15-20		
Paprika & Chili	30-40		
Pastinake	20		
Radieschen	3-5	10-15	
Rettich	10		
Rote Bete	10		
Rucola	10-15	15-20	
Salat, Kopf-	30		
Salat, Schnitt-	10		
Stangenbohne	5		
Schalotte	15		
Schwarzwurzel	10		
Sellerie, Knolle	25-30		
Sellerie, Stangen	20		
Spinat	10	15-20	
Tomate	40-50		100
Zucchini	100		90-100
Zwiebel, Saat-	5		
Zwiebel, Steck-	10		

Guter Start für Zierpflanzen

Um Schnecken ein Schnippchen zu schlagen, lohnt es sich, **Dahlienknollen** ab Mitte März **vorzutreiben**. Eine Möglichkeit ist es, die fleischigen Wurzeln in einen entsprechend großen Topf zu legen, Erde darüber zu geben, an die warme Hauswand zu stellen und am besten mit Folie abzudecken. Bis zum endgültigen Setzen im Mai entwickeln die Dahlien kräftige Blätter. Weil sie nicht tief in der Erde stecken, lassen sie sich auch leichter herausholen und verpflanzen. Die prächtigen Blumen haben somit einen großen Wachstumsvorsprung, sie blühen früher und die Schnecken haben das Nachsehen.

Etwa zur gleichen Zeit werden alle meine **Balkonpflanzen aus dem Winterquartier** genommen. Das sind vor allem vielerlei Sorten Geranien, aber auch Blattkakteen, Fuchsien und verschiedene Arten von Dickblattgewächsen. Den ganzen Winter über wurden die Pflanzen einmal in der Woche gegossen und zwar so, dass die Erde nur leicht feucht ist. Alle dürren und abgestorbenen Blätter habe ich immer wieder entfernt und in einem bereitstehenden Eimer entsorgt. Sobald der Eimer voll ist, wird der Inhalt verbrannt, denn es könnten sich doch mal Blattkrankheiten breitgemacht haben. Jetzt im März können die Pflanzen nochmal geschnitten werden. Alte, eingetrocknete Äste, dünne, grüne sogenannte Geiltriebe, die durch Licht- und Nährstoffmangel entstehen, werden herausgeschnitten, ebenso sich kreuzende oder zu dicht stehende Triebe. Die Pflanzen brauchen eine luftige Aststruktur. Alle werden in frische Komposterde gesetzt, in die ich gerne etwas Hornmehl mische, und die überwinterten Stecklinge bekommen auch einen größeren Topf.

Die alte Dahliensorte 'Winzler Herzblut' erfreut das Auge mit ihren wunderschönen, tiefroten Blüten.

CHARLOTTES MISCHKULTURBEET *im März & April*

In vielen Regionen kann man bereits im März draußen loslegen. Da es in höheren und klimatisch weniger begünstigten Lagen jedoch besser ist, noch einen Monat zu warten, beginnen die meisten Direktsaatempfehlungen hier im April.

Folgende Hauptkulturen können direkt ins Beet gesät oder gesetzt werden:

- Ab Anfang April werden frühe Karottensorten ausgesät. Karotten brauchen sehr lange zum Keimen. Deswegen das Saatgut am besten mit Radieschensamen gemischt in die Reihe streuen, dann hat man rasch etwas zu ernten und übersieht die zarten Karottenpflänzchen nicht versehentlich beim Hacken.
- Auch Zuckererbsen und Pflücksalat können jetzt ausgesät werden. Letztere einzeln mit einem Abstand von 3 bis 5 cm in die Saatrille legen. 2 bis 3 Wochen nach dem Auflaufen leicht anhäufeln und je nach Wuchshöhe Reiser als Rankhilfe zeltförmig über die Reihe stecken.
- Kohlrabi am besten als Jungpflanzen besorgen und mit einem Abstand von etwa 30 cm in die Reihe pflanzen. Wer schon Erfahrung mit der Voranzucht hat, kann seine Setzlinge natürlich auch selbst ziehen (ab Anfang März).
- Bis Mitte April kommen die Steckzwiebeln ins Beet. Auf gesundes Pflanzgut achten und die Zwiebelchen so in den Boden stecken, dass die Spitze gerade noch herausragt. Wer möchte, steckt nur in die Hälfte der Reihe Zwiebelchen und besorgt sich für den Rest der Reihe Lauch-Setzlinge.
- Die anspruchslosen Ringelblumen werden im Laufe des Aprils direkt in die Reihe gesät.
- Ende April kommt der Mangold in die Reihe.

Wichtig: Auf die Sortenwahl achten! Nicht alle Sorten sind für den Frühjahrs- und Sommeranbau geeignet.

Außerdem können jetzt vorgezogen werden:

- Anfang, Mitte März sollte mit der Vorkultur von Tomaten begonnen werden.
- Der raschwüchsigen und nährstoffhungrigen Zucchini sind die Anzuchttöpfe schnell zu klein, deswegen noch bis Mitte April mit der Vorkultur am Fensterbrett warten.

Wer in milderen Regionen den freien Platz nutzen will, kann Anfang März Vorkulturen in die Reihen einsäen. Wichtig ist auch hier, auf Familienzugehörigkeiten und eine frühjahrsgeeignete Sortenwahl (und die Kulturdauer bis zur Ernte) zu achten. Die vorgeschlagenen Vorkulturen können ausgesät werden, ohne mit dem Mischkultursystem ins Gehege zu kommen.

Die schnell auflaufende **Gartenmelde** wird in die Reihe gesät, in die im April Zwiebeln (und Lauch) kommen. Sie macht als Babyleaf-Ernte rechtzeitig der Hauptkultur Platz.

Feldsalat bereitet die beiden Reihen für die Tomaten vor. Wer die Reihen 2 Wochen versetzt einsät, kann später auch versetzt ernten.

Auch die drei Reihen für die Zucchini sind noch lange genug frei, um versetzt oder gleichzeitig **Spinat** einzusäen.

VORKULTUREN

Spätere Hauptkultur	Passende Vorkultur
Zwiebeln (und Lauch)	Gartenmelde (Babyleaf)
Tomate	Feldsalat
Zucchini	Spinat

Das Mischkulturbeet Ende April: Die kältetoleranten Hauptkulturen (Zwiebel, Lauch, Karotte, Pflücksalat, Mangold, Kohlrabi, Zuckererbse und Ringelblume) sind seit Anfang April im Beet. Von den Vorkulturen hat die Gartenmelde bereits als Babyleaf das Beet verlassen, Feldsalat und Spinat stehen zum Teil erntereif in ihren Reihen.

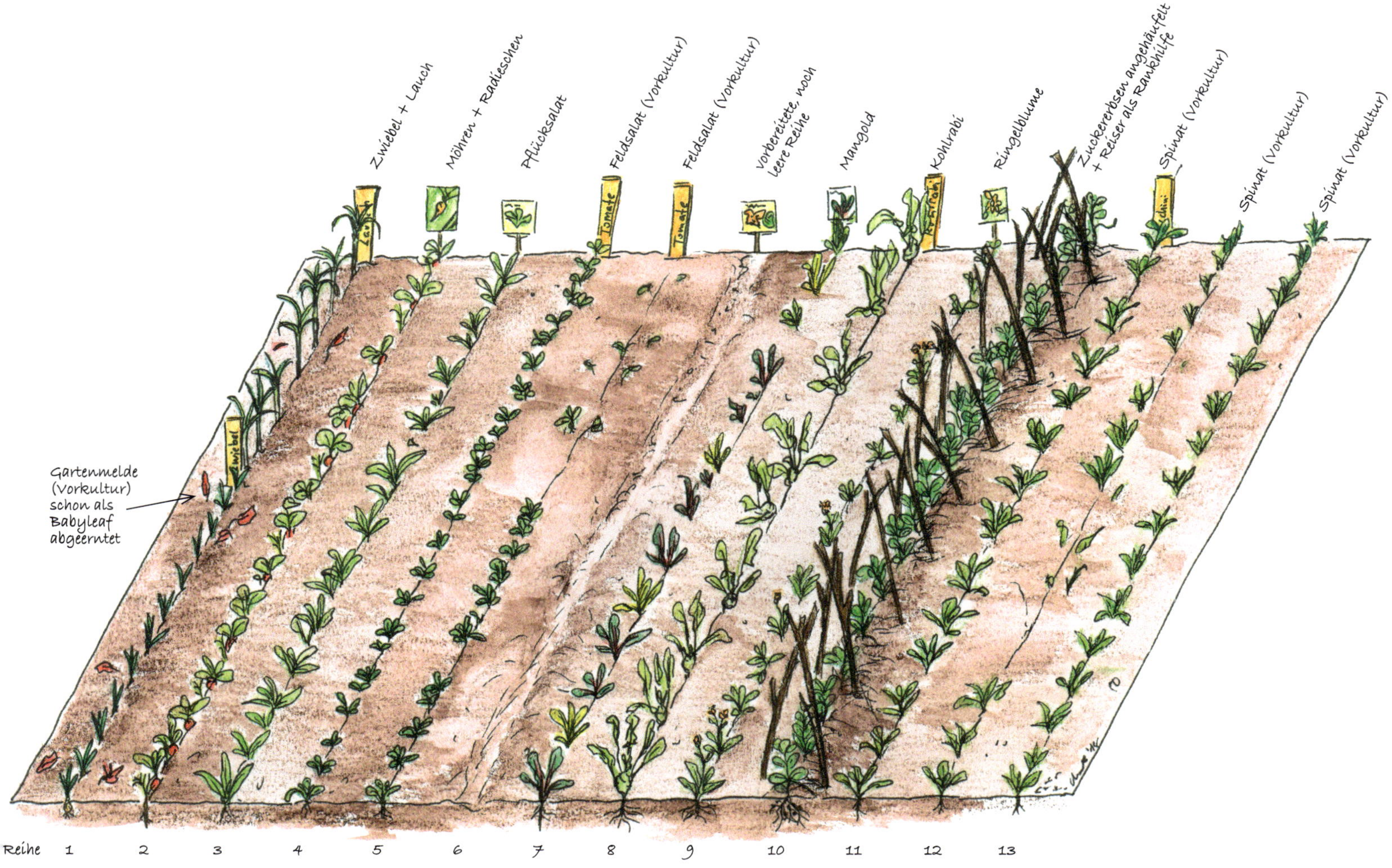

DO IT YOURSELF!
Charlottes & Walburgas Gartenideen

Nützliches und Schönes – Dekoideen aus Naturmaterialien und praktische Gartenhelfer zum Selbermachen, die nicht nur im Frühjahr die Arbeit im Garten erleichtern.

Mit Walburga Weiden verarbeiten

An frostfreien Tagen können jetzt die Weiden im Garten geschnitten werden (in gefrorenem Zustand würden die Triebe leicht brechen). Ich sortiere gleich dickere und dünnere Ruten auf zwei Haufen. Meist an Ort und Stelle werden dann nach und nach Rankgerüste, Kugeln und Deko für den Garten geflochten. Das geht relativ einfach und schnell. Der einzige Nachteil: Die fertigen Teile halten im Garten nur ca. 4 Jahre. Dafür hat man aber einen natürlichen, nachwachsenden Werkstoff und der Kreativität sind kaum Grenzen gesetzt.

An kalten regnerischen Tagen nehme ich mir gerne ein Bündel Weiden in die warme Küche mit. Abends bastele ich dann Weidenkugeln. Dafür setze mich auf einen Hocker und lege eine Rolle Bindedraht und einen Seitenschneider neben mich. Eine lange Rute wird zum Kreis geschlungen und mit Draht fixiert. Dieser legt ungefähr die Größe der späteren Kugel fest. Eine zweite Rute, genau so groß, wird so um die erste gelegt, dass die Form einer Kugel entsteht. An den Berührungspunkten fixiert man mit Draht. Ein dritter Kreis, ebenfalls genauso groß, wird dann um die Mitte geschlungen und auch an allen vier Berührungspunkten verdrahtet. Das Grundgerüst ist fertig. Jetzt werden nach und nach die restlichen Weidenruten kreuz und quer durch die Ruten gezogen. Wichtig ist, dass Sie so vorgehen wie beim Weben, auf und ab, auf und ab. Die ersten paar am besten immer noch mal mit Draht an verschiedenen Stellen befestigen, sodass die Kugel stabil, aber elastisch wird. Kugeln verschiedener Größe sind ein toller Hingucker vor einer Mauer, einem Baum oder einfach in der Wiese.

Weidenkugeln als Deko für Garten oder Haus lassen sich schnell und einfach aus jungen Weidenruten und Draht basteln.

Gestern Kinderwagen, heute Gartenmobil: rollbarer Gartenhelfer mit ausreichend Stauraum für die gärtnerische Grundausrüstung.

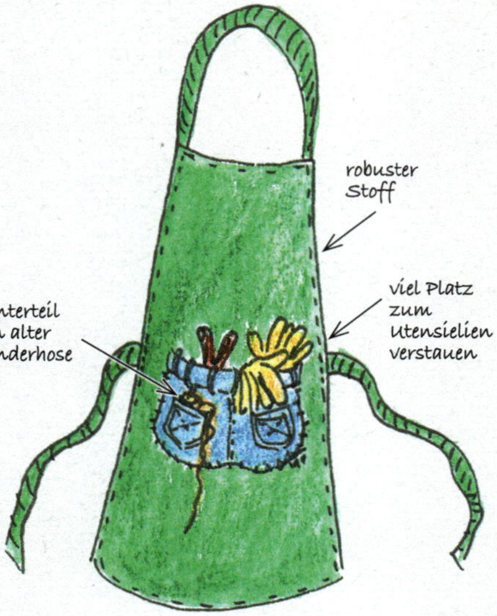

Upcycling: Walburgas Gartenmobil

Das kennen Sie sicher auch, Sie wollen in den Garten, mal wieder die Beete durchhacken; nehmen aus dem Geräteschuppen die Hacke, ein Paar Handschuhe und vielleicht noch die Gartenschürze mit. Während der Arbeit sehen Sie abgeblühte Dahlienblüten, die man herausschneiden sollte. Sie gehen zurück in den Schuppen und holen die Gartenschere. Beim Weiterarbeiten fällt Ihnen auf, dass die jungen Triebe der Kletterrose über dem Gartentor doch etwas zu sehr in den Durchgang hängen. Da Sie aber kein Bindegarn dabeihaben, gehen Sie wieder und holen welches. So ging es mir am Anfang meiner Gartentätigkeit oft, zu oft, bis ich beschloss, diesen Zustand zu ändern. Noch bevor sich alle Welt für Upcycling interessierte, habe ich mir aus dem alten Kinderwagen ein Gartenmobil gebaut. Im Prinzip ganz einfach: Ich habe alles auf dem kleinen Wagen verstaut, was ich als meine Grundausrüstung im Garten ansehe: Gartenhacken, Heckenscheren, Setzholz, Bindegarn, Messer, Stifte, Handschuhe, Gartenpläne und und und …

Charlottes Jeans-Gartenschürze

Alle meine Arbeitshosen hatten in der linken Gesäßtasche immer relativ schnell ein Loch, weil ich meine Gartenscheren einfach so in die Hose gesteckt habe. Abgesehen davon, dass alle meine Jeans irgendwann kaputt waren, ist es ja auch beim Arbeiten nicht wirklich praktisch, beim Bücken fällt die Schere oft heraus. Für Schneidearbeiten und grobe Erdarbeiten habe ich mir dann eine Gartenschürze genäht. Hierzu habe ich ganz einfach den Schnitt von einer anderen, passenden Schürze abgenommen, bis zum Knie reichend aus kräftigem Baumwollstoff zugeschnitten und das Hinterteil einer Kinderjeans als großen Beutel auf den Bauchbereich genäht. Hier finden Schere, Schnur und die Arbeitshandschuhe Platz.

DIE GUTEN INS TÖPFCHEN
Ernten & Rezeptideen

So ganz allmählich gehen die Vorräte zur Neige. Bis zum Vorfrühling sind die meisten Wurzelgemüse aus der Miete verarbeitet. Doch unser Verlangen geht jetzt auch zu Frisch und Grün. Brunnenkresse bereichert in milden Wintern schon seit Januar die Salatschüssel. Gerne kombiniere ich jetzt meine Vorräte mit frischen, wilden Trieben.

Das wird jetzt geerntet

Überwinterungsgemüse

War die winterliche Kälte nicht so streng, kann jetzt an einigen Kohlpflanzen eine neue, kleine Ernte beginnen. Wenn bei **Wirsing** und **Butterkohl** beim Ernten des Kopfes ein großer Teil des Strunkes stehen bleibt, treiben aus den abgeernteten Blattaugen neue zarte Blätter aus. Bei allen Blattkohlarten geschieht dies am unverletzten Stamm, vorausgesetzt der Kopf wurde noch nicht abgeschnitten. Auch **Zuckerhut** und **Radicchio** schieben aus dem nicht zu tief geschnittenen Strunk neue Blätter. Das ergibt zwar keine Köpfe, aber zum Füllen der Salatschüsseln reicht es allemal.

Der robuste **Grünkohl** konnte den ganzen Winter über beerntet werden. Jetzt stehen nur noch hohe, harte Stängel im Beet. Durch das Aufbinden an Stecken haben diese sogar den heftigsten Winterstürmen getrotzt. Sobald es warm wird und die Forsythien zu blühen anfangen, schiebt die Pflanze frisches Blattgrün aus den abgeernteten Blattstummeln – wenige cm lange, kleine Grünkohlblätter-Büschel, den ganzen Stängel entlang. Für mich sind sie die eigentliche Delikatesse. Die zarten Blätter eignen sich vorzüglich, um äußerst schmackhafte, schnelle Gemüsepfannen zu zaubern.

Sollten Sie einmal **Meldepflanzen** aussamen lassen, werden Sie kleine Keimlinge im Märzgarten finden. Melde ist eigentlich eine alte heimische Spinatpflanze, für mich aber im Frühling zusammen mit späten Feldsalatsorten und Wildkräutern eine perfekte Salatergänzung. Gerade jetzt können Sie vieles ernten, was zufällig wiederkommt. Das ist ein Grund mehr, warum es sich lohnt, auch mal etwas stehen zu lassen.

Eine weitere Überwinterungspflanze ist **Mangold**. Als heimisches Gemüse ist auch er relativ robust, je nach Sorte. Mangold wird ebenfalls Blatt für Blatt beerntet, so bleibt das Herz stehen und wächst im zeitigen Frühjahr weiter. Solange bis er dann im Mai ebenfalls zum Blühen kommt. Das Tolle am Mangold ist seine Zweifachnutzung. Die Blätter können wie Spinat verwendet oder auch zum „Einpacken" von kreativen Füllungen genommen werden. Die Stiele eignen sich als Zugabe für Eintöpfe, mit Schinken umwickelt und überbacken oder geschichtet als Lasagne.

Pflücksalat im Gewächshaus – für die erste Ernte und Nachschub in Pikierplatten.

Spätestens Ende April sollten die letzten Stangen Winterlauch geerntet werden. Hier die Sorte 'Blaugrüner Winter'.

Zweiter Austrieb am bereits abgeernteten Grünkohl: Die kleinen zarten Blätterbüschel sind eine Delikatesse.

Spätestens Ende April sollten die letzten Stangen von **Winterlauch** geerntet werden, bevor sie zu blühen beginnen. Eine blühende Lauchstange kann es an Attraktivität aber durchaus mit jedem Zierlauch aufnehmen und dazu noch ist sie ein wahrer Insektenmagnet. Von der Aussaat bis zur letzten Ernte können bei Winterlauch gut 12 bis 14 Monate vergehen. Lauch wächst sehr langsam, aber stetig und kann bis zur Ernte einiges an Gewicht zulegen.

Bereichernde Beikräuter

Die ungebetenen Gäste im Gemüsegarten wachsen sogar im Winter. Ich freue mich darüber, sind sie doch eine willkommene Bereicherung des spärlicher gewordenen Speisezettels. Ein paar von ihnen findet man früher oder später auf allen Flächen, die von Menschhand bestellt und bearbeitet werden.
Vogelmiere bereichert mit vielen Vitaminen und Mineralstoffen die Frühlingssalate und schützt als lebende Mulchschicht Tomaten im Gewächshaus.
Die jungen Blätter vom **Giersch** schmecken roh sehr gut und die hochwertigen Inhaltstoffe wirken zum Beispiel Frühjahrsmüdigkeit entgegen. Und noch eine gute Nachricht: Je mehr Blätter Sie abzupfen, desto mehr schwächen Sie seinen Ausbreitungsdrang. Regulieren durch Verwerten sozusagen.
Auch **Löwenzahn** keimt gerne im Gemüsebeet, was bei den fliegenden Samen fast nicht zu verhindern ist. Auf jeden Fall sollten Sie ihn mit der Wurzel ausstechen, aber die frischen Blätter in der Küche verwenden. Er ist perfekter Bestandteil jeder Frühjahrskur.
Die jungen Triebspitzen von **Brennnessel** und **Spitzwegerich** lassen sich zu Suppen und Mischspinaten verarbeiten.
Zwischen den Einfassungssteinen am Tomatenbeet wächst **Gundermann**. Die flächig sich ausbreitenden Triebspitzen blühen in einem wunderbaren Blauton im April und sind eine wichtige Nektarpflanze für Hummeln, deshalb dürfen sie hier stehen bleiben. Wenige Blättchen reichen zum Würzen und zum Aromatisieren von Getränken, Speisen, Essigen und vielem mehr.

GUT ZU WISSEN

Lauch lässt sich super einfrieren: einfach die Stangen waschen, in Ringe schneiden und in Tüten oder Gefrierbehältnissen einfrieren. So lässt er sich leicht entnehmen und steht so jederzeit in der Küche zur Verfügung.

Rezeptideen aus Garten & Natur

BÄRLAUCHSPÄTZLE MIT RAHMKARTOFFELN

WIR BENÖTIGEN FÜR DIE SPÄTZLE:

Große Handvoll frische Bärlauchblätter
4 Eier
500 g Spätzlemehl (als Alternative 480 g Mehl und 1 gehäufter Esslöffel Grieß)
Messerspitze Salz
Stück Butter, etwas Weckmehl

SO WERDEN SPÄTZLE GEMACHT:

➔ Frische Bärlauchblätter waschen, trocken tupfen, grob zerkleinern.
➔ Eier mit den zerkleinerten Blättern im Mixer pürieren.
➔ Aus Spätzlemehl, Salz und den anderen Zutaten mit dem Knethaken am Handrührgerät einen glatten, nicht zu weichen Teig kneten.
➔ Portionsweise in die Spätzlepresse füllen und in kochendes Salzwasser drücken, zwei- bis dreimal aufkochen lassen, mit einer Schaumkelle herausnehmen, kurz heiß abbrausen, auf eine Platte schichten, zudecken und warm stellen.
➔ Ein Stück Butter in einem Töpfchen schmelzen, leicht braun werden lassen, von der Herdplatte ziehen, so viel Weckmehl zugeben, dass eine dickflüssige Masse entsteht, etwas Salz zugeben und die Spätzle vor dem Anrichten damit abschmelzen.

WIR BENÖTIGEN FÜR DIE RAHMKARTOFFELN:

500 g festkochende Kartoffeln
50 g Butter
50 g Mehl
¼ l Brühe
¼ l Milch
Etwas Sahne
Salz, Zucker, Meerrettich und Muskat
Petersilie

SO WERDEN DIE RAHMKARTOFFELN GEMACHT:

➔ Kartoffeln in Schale bissfest dämpfen, dann noch warm schälen und in nicht zu dünne Scheiben schneiden.
➔ Aus je 50 g Butter, Mehl und je ¼ l Brühe und Milch eine helle Einbrenne herstellen, mit Sahne verfeinern (wer mag kann auch noch etwas Schmelzkäse dazugeben) und mit Salz, etwas Zucker, Meerrettich und Muskat würzen.
➔ Kartoffeln zugeben, mit reichlich gewiegter Petersilie anrichten.

GRÜNKOHLPFANNE MIT NÜSSEN

WIR BENÖTIGEN DAZU:

Frische, kurze Grünkohltriebspitzen
Kleine Handvoll Erdnüsse oder Cashewkerne
Olivenöl
1 Zwiebel
Gemüsebrühe
Kräutersalz, Pfeffer, getrocknete Chilis
Etwas Sahne oder Kokosmilch
Frische Frühlingskräuter (Giersch, Schnittlauch und etwas Spitzwegerich)

SO WIRD'S GEMACHT:

➔ Frische, kurze Grünkohltriebspitzen pflücken, waschen und bissfest blanchieren oder dampfgaren.
➔ In einer Pfanne ohne Fett, je nach Geschmack eine kleine Handvoll Erdnüsse oder Cashewkerne rösten, auf einem Teller bei Seite stellen.
➔ In die Pfanne etwas Olivenöl geben und eine klein geschnittene Zwiebel goldgelb anrösten, Grünkohlblätter dazugeben, kurz mitdünsten, mit Gemüsebrühe ablöschen.
Mit Kräutersalz, Pfeffer und etwas getrockneten Chilis würzen, etwas Sahne oder Kokosmilch darüber geben, die Nüsse darauf verteilen, in der Pfanne mit den Frühlingskräutern anrichten.

MANGOLDTASCHEN MIT LAUCH

WIR BENÖTIGEN DAZU:

4 Rollen Blätterteig
Ca. 8 bis 10 Mangoldstängel
Stück geräucherter Bauchspeck
1 kleinere Stange Lauch
1 Knoblauchzehe
100 g kleingewürfelter Tilsiter oder andere würzige Käsesorte
Etwas Schmand
1 Ei
Mit Salz, Pfeffer abschmecken

SO WIRD'S GEMACHT:

➔ Blätterteigrollen in je drei Teile schneiden.

➔ Mangoldstängel waschen, Stiele und Blätter klein schneiden.

➔ Geräucherten Bauchspeck und Lauch kleinschneiden und zusammen andünsten.

➔ Den Mangold dazugeben, weiterdünsten, immer wieder wenden, bis die Stiele bissfest sind, zur Seite stellen, auskühlen lassen.

➔ Knoblauchzehe dazu pressen, kleingewürfelten Käse dazugeben, mit etwas Schmand und einem kleinen verquirlten Ei mischen.

➔ Mit Salz, Pfeffer abschmecken. Füllung in eine Ecke der Blätterteigteile geben, Teigränder mit Eiweiß bestreichen, zuklappen, das Eigelb darüber streichen.

Bärlauchspätzle mit Rahmkartoffeln und Fischbeilage.

➔ Im vorgeheizten Backofen bei 200 bis 220° C goldbraun backen, dauert etwa 15 Minuten.

Schmeckt warm gut zu einer leichten Cremesuppe oder auch erkaltet am Abend.

WAS DIE OMA SCHON WUSSTE
Wertvolles Wissen wiederentdeckt

Knoblauch – Ein guter Freund des Gärtners

Als natürliches Antibiotikum wird der Knoblauch von den Menschen hochgeschätzt. Der penetrante Geruch rührt von der schwefelhaltigen Verbindung Alliin her. Er entsteht vor allem beim Verzehr oder bei Schädigung der Knolle. Dass Schwefel ein wirksames Mittel gegen Pilze und Bakterien ist, machen sich Gärtner schon seit Generationen zunutze. Als Unterpflanzungen bei Tomaten, beugt er der Braun- und Knollenfäule vor. Ein paar um Gurkenpflanzen gesteckte Knoblauchzehen halten die Gurken gesund und schützen vor Mehltau. Knoblauch ist auch ein perfekter Mischkulturpartner bei Erdbeeren. Phlox-Stauden lässt er kräftig blühen, steckt man zwei bis drei Zehen in den Horst. Außerdem mögen ihn fast alle Zwiebel-, Knollen- und Blühpflanzen, Rosen sowie Wurzelgemüse.

Mondkalender

Ich bin eher zufällig in einem alten Kalender des „Badischen Bauernverein" auf folgenden Spruch gestoßen, nach dem ich nun schon sehr viele Jahre meine Gärten bestelle:

„Säe und pflanze bei aufsteigendem Monde, wenn der Spross oder Teile des Sprosses verwendet werden sollen und säe oder pflanze bei absteigendem Mond, wenn die Wurzel oder Teile der Wurzel verwendet werden sollen."

Das Grundprinzip dieser einfachen Mondregel besagt, dass Erde und Pflanzen bei absteigendem Mond einatmen und Energie sammeln, wobei sie sich ihre Kraft, Säfte und alle Energie in den unterirdischen Pflanzenteilen (Knollen, Wurzeln, Rhizome) konzentrieren. Das heißt für den Gärtner, dass alles, was unterirdisch wächst und verwendet werden soll, jetzt gesät, gepflanzt oder geerntet wird.

Umgekehrt, bei aufsteigendem Mond, atmen die Pflanzen und die Erde aus, sodass Kraft, Säfte und Energie in die oderirdischen Pflanzenteile strömen. Alles, was über der Erde wächst und von dort verwendet werden soll, wird nun gesät, gepflanzt oder geerntet. Dazu gehören auch Früchte und Blüten.

GUT ZU WISSEN

Das Auf- und Absteigen des Mondes bezieht sich auf den von der Erde aus sichtbaren Teil seiner Umlaufbahn. Wenn wir die Mondlaufbahnen beobachten, fällt uns auf, dass diese nicht immer in derselben Höhe und Länge stattfinden. Mal steht der Mond eher niedrig und beschreibt nur eine kurze Bahn. Dann, nach ca. 14 Tagen, steht er hoch am Himmel und beschreibt von Aufgang bis Untergang einen weiten Bogen. Nicht zu verwechseln mit zunehmendem und abnehmendem Mond, das sind die Lichtphasen des Mondes.

Bild rechts: Knoblauch mit Brutzwiebeln.

MAI & JUNI

Wachsen und Werden

WAS IST ZU TUN IM MAI & JUNI?

- Anzucht von Sommer- und Herbstsalaten sowie von verschiedenen Kohlarten.
- Zweijährige Blumen für den Garten kultivieren.
- Stecklinge aus verholzenden Kräutern selber machen.
- Wärmeliebende Gemüsearten pflanzen.
- Gemüseetiketten und Staudenhalterungen basteln.
- Pflanzenjauchen ansetzen und verwenden.

GARTENPRAXIS
Charlottes Ideen gegen Platznot

Während meines Studiums hatte ich einige Jahre die Möglichkeit, das Beet unseres anbaumüden Vermieters zu nutzen. Im ersten Jahr erschienen mir die 3 × 7 m Beetfläche noch wie ein Meer unglaublicher Möglichkeiten, spätestens ab dem zweiten Jahr war die Anbaufläche immer kleiner als meine Ideen und Gemüsewünsche.

In kleinen Gärten kann es schon mal eng werden, wenn die Gärtnerträume größer sind als der vorhandene Platz im Beet. Aber auch bei sehr begrenzter Fläche sollte man sich von der eigenen Ernte nicht gänzlich abhalten lassen. Wer keine Möglichkeit zur Beetvergrößerung hat und trotzdem etwas mehr anbauen will, kann sich mit einigen Hilfsmitteln und Tricks behelfen.

Klein, chaotisch und bunt: Schon auf 20 qm Beetfläche finden erstaunlich viele Gemüse, Kräuter und Blumen Platz. Wenn es zu eng wird, kann man mit Regalen und Kübeln nachhelfen.

Platz im Beet optimal ausnutzen

Das A und O in kleinen Gärten ist eine gute Beetausnutzung durch Vor-, Haupt- und Nachkulturen. Wichtig ist es, auch dabei auf Verträglichkeiten und Anbaupausen Rücksicht zu nehmen und immer wieder Gründüngungspflanzen einzuplanen. Mit einer abwechslungsreichen Mischkultur und Fruchtfolge bleiben Boden und Pflanzen trotz intensiver Nutzung gesund. Wer darauf achtet, freie Plätze im Beet schnell neu zu besetzen, kann den Ernteertrag trotz begrenzter Fläche deutlich steigern. Hilfreich ist es dabei, Arten wie Salat, Kohlrabi oder Feldsalat vorzuziehen statt direkt ins Beet zu säen. Wenn andere Kulturen das Beet räumen, haben die vorgezogenen (oder gekauften) Pflänzchen einen deutlichen Wachstumsvorsprung, sind schneller erntereif und machen Platz für einen möglichen nächsten Satz.

Mehr Platz im Beet!

Um auf kleiner Fläche möglichst viele Arten zu kultivieren, kann man die vorhandene Nutzfläche „künstlich“ erweitern. Die hier beschriebenen Ideen sollen eigene Erfahrungen weitergeben und vor allem dazu inspirieren, selbst kreativ zu werden und auszuprobieren, was auf kleiner Fläche so alles geht.

Balkonkästen über dem Beet

Alte, ausrangierte Balkonkästen eignen sich prima für die Nutzung im Garten. Wir haben zuhause aus drei schweren, stabilen, 5 cm dicken Brettern eine Aufhängung quer übers Beet gebastelt und sechs alte Balkonkästen mit den dazugehörigen Haken daran aufgehängt. Komposterde einfüllen, Hängeerdbeeren einpflanzen und fertig! Wichtig ist es, die Erdbeeren regelmäßig zu düngen und im besten Falle die Erde nach dem ersten Jahr auszutauschen, da Erdbeeren sehr nährstoffhungrig sind.

Hängeerdbeeren auf zweiter Ebene in Balkonkästen über dem Beet: Das Grundgerüst sollte stabil sein.

Horizontalgärtnern mit alten Regalen

Auch hier sind (alte) Balkonkästen aufgrund ihrer Form sehr praktisch und können einfach auf die Regalbretter gestellt werden. So hatte ich beispielsweise zwei Balkonkästen mit **Pflücksalat** leicht versetzt untereinander in ein altes Pflanzenregal gestellt. Im Beet haben mir ohnehin oft die Schnecken den Salat weggefressen. Ich habe die vorgezogenen Jungpflanzen relativ eng in den Kasten gesetzt und dann nach etwa 2 Wochen begonnen, jede zweite Jungpflanze als Ganzes für den Salat zu ernten, um Platz für die anderen zu machen. Gute Erfahrungen mit der Balkonkastenkultur habe ich ansonsten mit Feldsalat und mit Asiasalaten gemacht. Man muss nur darauf achten, dass Wasser aus den Behältnissen abfließen kann und sich die übereinandergestellten Pflanzenbehältnisse nicht gegenseitig beschatten.

Ideal ist es, das Regal an die Hauswand zu lehnen, sodass die Sonne es von vorne bescheint. Eventuell sollten Sie das Regal auch nochmal zusätzlich an einer Wand befestigen, je nach Stabilität. Regale sind auch zur Jungpflanzenanzucht oder -abhärtung praktisch: Drohen Nachtfröste, kann man das Regal mit alten Decken, Gärtnervlies oder Folie ummanteln.

Gärtnern in Pflanzgefäßen auf Terrasse, Balkon & Co.

Praktische Pflanzgefäße sind neben ausrangierten Balkonkästen löchrige Eimer, Wannen, Kästen und alte Holzkisten. Statt sie wegzuwerfen, kann man 10- bis 20-Liter-Eimer mit löchrigem Boden sehr gut als Pflanzgefäß nutzen. Mit ordentlich Kompost versorgt und regelmäßiger Düngegabe wie Brennnesseljauche gedeihen etwa Tomaten in Eimern ganz prächtig. Auch **Kartoffeln** lassen sich in größeren Eimer ziehen: Eimer nur halb mit Erde füllen, Knolle hineinstecken und sobald das erste Grün sichtbar wird, weiter auffüllen, wieder durchwachsen lassen, nochmal auffüllen. So regt man die Kartoffel zu vermehrter Knollenbildung an. Wichtig ist auch hier, ein nährstoffreiches Substrat wie Komposterde zu verwenden.

Immer wieder im Eimer hatte ich auch die **Minigurke** 'Melothria' neben der dreistufigen Treppe zu unserer Eingangstür. Das Treppengeländer diente als Rankhilfe und man konnte beim Raus- oder Reingehen immer mal kleine Gürkchen naschen. Von anderen Gemüsen gibt es kleine Sorten für Balkonkasten oder Kübelkulturen. Ausprobiert in Kästen, kleinen Eimern und anderen Pflanzgefäßen habe ich die kleine **Buschtomate** 'Fuzzy Wuzzy' (sieht lustig aus, erreicht aber erst voll ausgereift ein leckeres Aroma), die **Aubergine** 'Bambino' (klein, relativ festes Fleisch), aber auch normalwüchsige **Chilis** (wie die bunte 'Lila Luzy').

Wer Lust auf Beerenobst, aber kaum Platz hat, kann auf Spalier- und Säulenobst zurückgreifen. Im alten Garten hatte ich die platzsparenden **Johannisbeeren** 'Rolan' (rot) und 'Hedda' (schwarz) in großen, runden Bütten (Wannen). Das geht natürlich auch in großen Pflanztöpfen. Wichtig ist auch hier, dass im Boden ausreichend Löcher sind, die sich nicht zusetzen können. Im Zweifelsfall mit einem Hammer und dickerem Nagel lieber noch ein paar zusätzliche Löcher in den Boden schlagen. Staunässe mögen die Beeren nämlich gar nicht. Als unterste Schicht habe ich deswegen Sand in die Wannen gefüllt und dann erst die Erde. Die Recycling-Pflanzkübel standen auf zwei Holzbrettern, sodass etwas Luft zwischen Kübel- und Erdboden war und überschüssiges Wasser gut abfließen konnte.

Wichtig bei allen Topf-, Eimer-, Wannen- und Balkonkastenkulturen ist es, sie regelmäßig zu gießen. Die Gefäße haben im Vergleich zum Beet doch einen recht begrenzten Wasserhaushalt. Das Wasser muss gut abfließen können. Beim Balkongärtnern bitte unbedingt die maximale Traglast des Balkons beachten.

Mai & Juni: Der Frühsommer bringt allerhand schmackhaftes wie Mairübchen, Kopfsalat und Kohlrabi!

Himbeeren brauchen nicht viel Platz und lassen sich über einen längeren Zeitraum fast jeden Tag beernten.

DIE EIGENE KINDERSTUBE
Alles über Samen, Säen & Anzucht

Die Pflanzarbeiten sind in vollem Gange, vieles wird noch direkt gesät und jetzt soll man sich schon wieder Gedanken über Herbstaussaaten machen? Ehrlich gesagt, muss ich mir diese erneuten Saatzeiträume genau vormerken, damit ich sie nicht über die Vielzahl an sonstigen Arbeiten vergesse. Gerade für die zweite Jahreshälfte darf man nicht zu spät dran sein. Sobald die Tage nach der Sonnensonnwende (21. Juni) wieder merklich kürzer werden, zählt bei einigen Kulturen jeder Tag. Um das ganze Jahr laufend frische Salatköpfe zu ernten, lohnt sich eine satzweise Aussaat. Für mich heißt das, alle 4 Wochen eine oder auch mehrere Sorten auszusäen.

Aussaaten im Mai

Für die Voranzucht von Salaten Anfang Mai eignen sich spätschießende Sorten oder solche, die als **Sommersalate** bezeichnet werden. In den letzten Jahren habe ich die Erfahrung gemacht, dass die meisten Kopfsalat-Sorten mit den frühsommerlichen hohen Temperaturen nicht zurechtkommen und sehr schnell schossen. Gerade bei Salat ist der Anbauerfolg wesentlich von der Wahl der Sorte abhängig. Auch Chicorée, der im Winter getrieben werden soll, wird Anfang Mai ausgesät. Es ist wirklich einfach, ein Versuch lohnt sich bei diesem großartigen Gemüse.

Bei einigen Kohlsorten genügt es, sie erst im Mai auszusäen. Für Kohl, der erst im Winter geerntet werden soll oder rasch wächst, ist eine zu frühe Aussaat nicht ratsam. Die Kohlsämlinge keimen rasch und nehmen dann die Plätze der abgeernteten Schnitt- und Kopfsalatreihen so gegen Ende Juni ein.

GUT ZU WISSEN

Salat keimt nur bei relativ kühlen Temperaturen von 12 bis maximal 16 °C zuverlässig. Im Gewächshaus oder Frühbeet ist es dann schnell zu heiß, deshalb lieber kühler und schattiger aufstellen.

CHECKLISTE

Was kann im Mai vorgezogen werden?

- **Korbblütler – verschiedene Salatarten: Blattsalate (bilden große, offene Köpfe), Eichblattsalate, Bataviasalate, Eissalate, Chicorée in Sorten für die Wintertreiberei**
- **Kreuzblütler – Wirsing, Butterkohl, Grünkohl, Braunkohl sowie verschiedene Blattkohlsorten**

Was kann im Juni vorgezogen werden?

- **Korbblütler – Endivien, Radicchio, Zuckerhut**
- **Kreuzblütler – Chinakohl**

Aussaaten im Juni

In vielen Gartenratgebern wird empfohlen, die Aussaat der **Herbstsalate** wie Zuckerhut, Radicchio und Endivien erst nach dem 21. Juni (Sommersonnenwende) zu tätigen, da die Pflanzen sonst eher schossen würden. Meine Erfahrung ist eine andere. Wie schon erwähnt sind die wichtigsten Faktoren beim Salat die optimale Keimtemperatur und die Auswahl der richtigen Sorten. Mitten im Sommer ist das manchmal schwierig und wir können ja nicht immer auf einen Kälteeinbruch warten. Wenn die Umgebungstemperatur für die Keimlinge zu hoch ist, neigen diese überproportional oft zum Schossen. Um große, erntefähige Pflanzen zu bekommen, empfehle ich deshalb für die sommerliche Salatanzucht auf die schattige Nordseite des Hauses auszuweichen. Ich habe auch schon im Mai ausgesät und es hat gut funktioniert. Wichtig ist es, den

Die Salatsetzlinge brauchen nicht mehr lange, bis sie bereit zum Auspflanzen sind.

Aussaatzeitpunkt seinem Mischkulturplan anzupassen. Als Faustregel gilt, von der Aussaat bis zur Pflanzung von kräftigen Setzlingen vergehen mindestens 5 bis 6 Wochen je nach Sorte.

Zweijährige Blumen aussäen

In den Frühlingsmonaten ist das Gewächshaus oder der Frühbeetkasten übervoll. In Kisten und Saatschalen drängen sich verschiedene Salat- und Gemüseaussaaten, Sommerblumen sowie viele einjährige Gartenkräuter. Alles, was im Frühjahr gepflanzt werden soll, wird hier vorgezogen. Erst wenn alle Kulturen die Plätze im Gemüsegarten belegt haben, ist wieder Platz für Neues. **Zweijährige Blumen** und auch **Stauden** können nun vorgezogen werden. Man muss etwas mehr Geduld mitbringen, um sich an Blüten, Formenvielfalt und Duft zu erfreuen – es lohnt sich allemal.

GUT ZU WISSEN

Zweijährige Blumen bilden im Gegensatz zu einjährigen im Aussaatjahr nach der Keimung nur eine Blattrosette aus. In diesem Stadium überwintern sie. Im nächsten Frühjahr schiebt die Pflanze dann kräftige Blütentriebe, blüht, bildet Samen und stirbt ab. Der Kreislauf beginnt von Neuem.

Vergissmeinnicht sind unkompliziert und bereichern mit den hübschen blauen Blüten die Frühlingsgärten.

In den Gärten unserer Großmütter fanden sich noch viele dieser Vertreter, vielleicht haben sie auch deshalb diesen unvergleichlich altmodischen Charme. Einige samen sich gerne und intensiv selbst aus, wenn sie einmal den Garten erobert haben. Andere müssen in jedem Fall immer wieder ausgesät und angezogen werden. Hier meine Favoriten:

Großzügige Selbstaussaat – robuste, anspruchslose einfach zu kultivierende Arten:

- Fingerhut (*Digitalis purpurea*), anspruchslose Pionier- und Wildpflanze
- Silberpfennig, Mondviole (*Lunaria annua*), blüht violett im April
- Vergissmeinnicht (*Myosotis sylvatica*), blaue Polster
- Stockrosen (*Rosea alcea*) ungefüllt, verschiedene Farben
- Königskerzen (*Verbascum* ssp.)
- Nachtkerzen (*Oenothera* ssp.)

Anzucht empfohlen:

- Goldlack, Schöterich (*Erysimum allionii*), duftende orange Blüten
- Marienglockenblumen (*Campanula medium*), tolle Blütenform
- Bartnelken (*Dianthus barbatus*), unvergleichlicher Duft, tolle Farben
- Stiefmütterchen (*Viola tricolor*), viele Farbkombinationen und Blütengrößen

Die Aussaat erfolgt wie auf Seite 64 beschrieben: Saatschalen nicht austrocknen lassen, 4 Wochen nach der Keimung pikieren, jede Pflanze für sich. Für zahlreiche Jungpflanzen eignen sich Multitopfplatten sehr gut. Am besten im August, spätestens bis Mitte September, sollten die jungen Pflänzchen dann an ihren endgültigen Platz gesetzt werden, damit sie noch genügend Zeit zum Einwachsen haben.

Auch Stauden, also ausdauernde, mehrjährige Pflanzen, lassen sich so gut und üppig vermehren. Gerade wenn man mehrere Pflanzen einer Sorte für eine Neupflanzung braucht oder mal eine besondere Art ausprobieren möchte – beispielsweise Brennende Liebe *(Lychnis chalcedonica)*, ein Nelkengewächs mit scharlachroten Dolden, oder die Jakobsleiter *(Polemonium caeruleum)*, eine blau blühende, horstartig aufrecht wachsende Staude. Auch hier greife ich gerne auf die alten, robusten bewährten Sorten zurück, die einen ohne viel Getue ganz selbstverständlich jedes Jahr mit ihrer Blüte erfreuen.

Altmodischer Charme: Bartnelken gibt es in vielen verschiedenen Farben, hier in kräftigem Pink.

Verholzende Kräuter wie Oregano (hier mit Jungfer im Grünen) können leicht über Stecklinge vermehrt werden.

Nachwuchs bei verholzenden, mehrjährigen Kräutern

Sehr einfach, schnell und zeitsparend ist meine Methode, verholzende Pflanzen zu vermehren. Ich fange damit schon im Juni an, nicht, wie so oft empfohlen, erst im August. Die Triebe sind im Juni noch jung und weich, wachsen deshalb auch schnell an. Die Mutterpflanze verzweigt sich nach dem Schnitt schneller und wächst kräftiger. Eine gute Möglichkeit auch, um Buchs zu vermehren. Buchs-Zukauf sollte man in Zeiten von Schädlingen und Pilzen unbedingt vermeiden, viele Gärtnereien bieten ohnehin keine Pflanzen mehr an.

Wie gehe ich vor? Von der gesunden Mutterpflanze werden ca. 8 bis 10 cm lange Triebspitzen mit einem scharfen Messer geschnitten. Die unteren zwei bis drei Blattpaare werden entfernt, damit die Blattmasse nicht zu groß ist und der unbewurzelte Steckling zu viel Wasser verdunstet. So wächst er besser an. Die Stecklinge werden dann einfach in einen alten Blumenkasten gesteckt. Dieser steht schattig und ist mit einer Mischung aus 1 Teil Anzuchterde und 2 bis 3 Teilen Sand aufgefüllt. Die Stecklinge können am Anfang nur sehr magere Erde vertragen. Ende September schaue ich nach, wie viele Stecklinge Wurzeln geschlagen haben. Sie werden einzeln vorsichtig mit einem Messer aus dem Erdgemisch gehoben. Bewurzelte Pflänzchen bekommen einen extra Topf mit Komposterde, die mit etwas Sand vermischt wurden.

Welche Pflanzen eignen sich?

Salbei, Rosmarin, Bergbohnenkraut, Oregano, Thymian, Zitronenverbene, Lavendel, aber auch Buchs.

Charlottes Tipp:

Wenn man keine Zeit oder Anzuchterde hat, aber Triebspitzen von Kräutern zum Beispiel geschenkt bekommen hat, kann man auch Stecklinge im Wasserglas ansetzen. Dazu die unteren Blattpaare entfernen und die Triebspitzen ins Wasser stellen. Rosmarin, Salbei und auch Holunder habe ich auf diese Weise schon erfolgreich vermehrt.

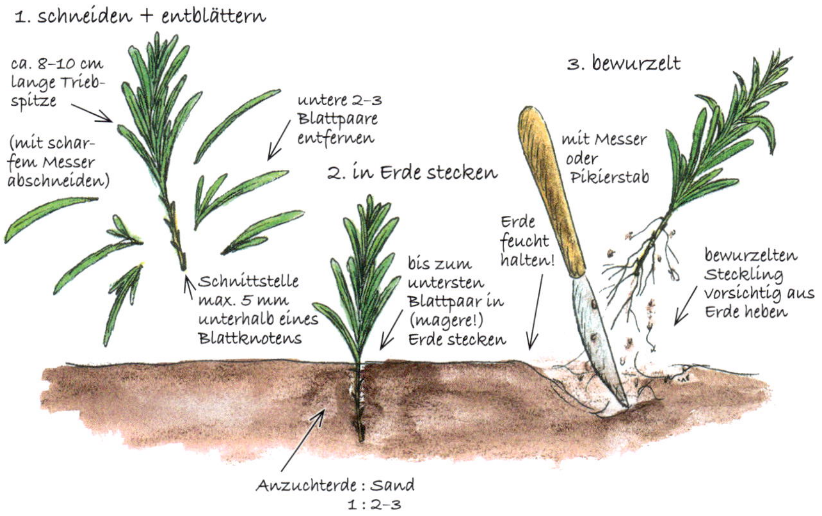

Nachwuchs von verholzenden Kräutern einfach selbst anziehen: Triebspitzen abschneiden, entblättern, in Erde stecken und warten, bis die Stecklinge bewurzelt sind.

AB IN DEN BODEN!
Das Gartenjahr im Bauerngarten

Stangenbohnensorte 'Blauhilde' in Blüte.

Oft gibt es um die Monatsmitte im Mai nochmal sehr kalte Nächte, vielerorts auch mit Frost verbunden. Ein Anhaltspunkt ist die Zeit der Eisheiligen vom 11. bis 15. Mai. Möchten Sie ganz sicher gehen, sollten Sie Pflanzen erst nach diesem Zeitraum nach draußen bringen. Frostempfindliche Arten aussäen kann man trotzdem schon Anfang Mai, denn bis sie gekeimt haben, sind die Frostnächte vorbei. Jetzt kann und sollte alles in den Garten gesät und gepflanzt werden, was kälteempfindlich ist und die höheren Temperaturen benötigt, um zu wachsen. Damit sind aber nicht nur die höheren Tages- oder Lufttemperaturen gemeint, sondern auch die Bodentemperaturen. Exakt bestimmen lässt sich der richtige Zeitpunkt nicht, da zu viele Faktoren einen Einfluss haben. Für mich ist er – neben dem Auftreten der entsprechenden phänologischen Anzeichen – gekommen, wenn ich barfuß Kartoffeln setzen kann. Legen Sie einfach mal eine Hand auf Ihr Beet, auch so werden Sie die Wärme des Gartenbodens spüren.

Direktsaaten im Garten

Die Reihen sind größtenteils schon eingesät, Saatrillen als Platzhalter für die kommenden Kulturen gezogen. Hier werden einjährige Kräuter oder noch Sommerblumen gesät, sowie besondere Wurzel- oder Blattgemüse. Verschiedene Bohnensorten werden gelegt: Buschbohnen in Reihen- oder Horstsaat (siehe Seite 69) und Stangenbohnen im Abstand um die jeweiligen Rankmöglichkeiten – je nachdem, was sie in ihrem Mischkulturplan vorgesehen haben. In dem warmen Boden lassen sich jetzt auch die Vertreter der Kürbisgewächse aussäen. Ich mache das gerne direkt, da sie meiner Erfahrung nach im Gartenboden zuverlässiger keimen und auch den Vorsprung der Vorgezogenen bald eingeholt haben.

CHECKLISTE

Was kann im Mai direkt gesät werden?

- Doldenblütler – Lagerkarotten
- Hülsenfrüchtler – Buschbohnen, Stangenbohnen
- Kapuzinerkressengewächse – Kapuzinerkresse
- Korbblütler – Schnittsalate
- Kreuzblütler – Kohlrüben, Sommerrettich
- Kürbisgewächse – Kürbis, Zucchini, Gurken
- Verschiedene einjährige Gartenkräuter – Basilikum, Bohnenkraut, Dill, Petersilie

Was kann im Juni direkt gesät werden?

- Doldenblütler – Knollenfenchel (lässt sich ungern versetzen)
- Hülsenfrüchtler – Buschbohnen
- Korbblütler – Schnittsalate
- Kreuzblütler – Sommerrettich

Doldenblütler

Knollenfenchel: Hier scheiden sich die Geister, man liebt es oder mag es überhaupt nicht. Auch gilt dieses äußerst bekömmliche Gemüse als schwierige Gartenkultur – allerdings

Bohnenvielfalt: Bohnenkerne gibt es sortenabhängig in den unterschiedlichsten Farben und Größen.

nicht, wenn Sie die richtigen Sorten auswählen. Es gibt spezielle für die Frühjahrskultur, die schon ab Februar vorgezogen werden müssen, und weitere für den Herbstanbau mit einem Saattermin ab Mitte Juni. Am besten werden die Samen in eine abgeerntete Spinatreihe gesät und später vereinzelt. Säen ist deshalb besser, da die Pflanzen beim Versetzen oft nicht gut anwachsen und empfindlich auf die „richtige Pflanzhöhe" reagieren. Setzlinge sollten gut durchwurzelte Ballen haben, die sich zur Knollenbildung unbedingt oberhalb des Bodenniveaus befinden müssen. Auch neigen sie bei hohen Temperaturen ab 25 °C zur Schosserbildung.

GUT ZU WISSEN

Sollten die Pflanzen dennoch schossen und Blüten bilden, lassen Sie sie unbedingt stehen. Die schönen gelbgrünen Dolden sind ein wahrer Insektenmagnet und im Herbst können die reifen Samen als Gewürz oder Tee verwendet werden.

Hülsenfrüchtler

Bohnen: Sie sind für mich eines der vielseitigsten und spannendsten Gemüse überhaupt. Allein die unendliche Vielfalt bei Größe und Ausfärbung der Bohnenkerne fasziniert mich bis heute. Dazu sind sie relativ einfach im Hausgarten anzubauen, brauchen allerdings etwas Platz. Es gibt tausende verschiedene Sorten und auch einige besondere Arten. In unserer mitteleuropäischen Gartenkultur werden vor allem Buschbohnen (Hülsen- und Kernnutzung), Stangenbohnen und Feuerbohnen genutzt. Auch unsere einzige heimische Art, die Dicken Bohnen, haben ein Comeback verdient statt weiterhin ihr Dasein als „Saubohnen", also Schweinefutter, fristen zu müssen. Im Weinbauklima oder an einer warmen Hauswand sollten sie auch mal die dem Namen entsprechend langen und dünnhülsigen Spaghettibohnen oder die wunderbar violett blühenden Helmbohnen versuchen. Bohnen wollen keinen frisch gedüngten Boden und brauchen auch keine zusätzlichen Düngergaben. Sie bilden, wie alle Hülsenfrüchtler, unterirdische Wurzelknöllchen aus. In diesen Wurzelknöllchen befinden sich Bakterien, die den gasförmigen Stickstoff im Boden in pflanzenverfügbares Nitrat umwandeln können.

Buschbohnen: Als eingebürgerte Südamerikanerin verlangt die Buschbohne einen warmen und sonnigen Standort. Sie ist etwas robuster als die hohe Stangenbohne, verträgt allerdings ebenfalls keinerlei Frost. Die ersten Buschbohnen lege ich Ende April, wenn das Wetter mitspielt. Der Boden sollte sich schon gut erwärmt haben. Die Kerne werden in eine nicht zu tiefe Saatrille gelegt und mit nur so viel Boden abgedeckt, wie der Samen doppelt dick ist. Wenn die Bohnen nach etwa 10 bis 15 Tagen keimen, sind mit etwas Glück die Eisheiligen auch schon vorbei. Was allen Hülsenfrüchtlern guttut, ist eine Samenbeize mit Magermilch. Ob sie Buschbohnen in Reihen- oder Horstsaat säen, ist schlussendlich auch eine Platzfrage. Wichtig ist das Anhäufeln der kleinen Pflanzen für mehr Standfestigkeit – erstmals, wenn sie etwa 10 cm groß sind.

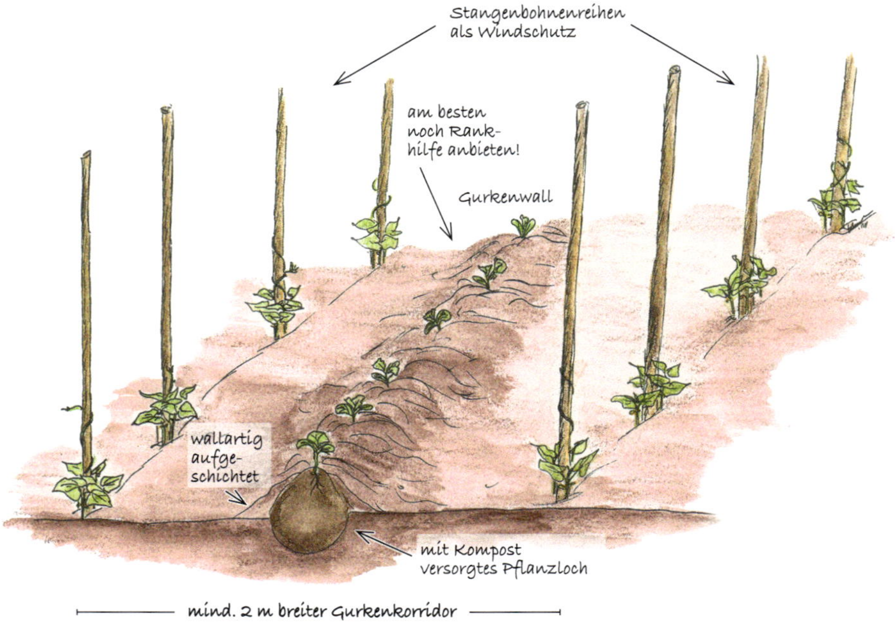

Gurkenwall mit Stangenbohnen als Mischkulturpartner: Im Windschatten der Stangenbohnen fühlen sich die zugempfindlichen Gurken wohl. Allerdings muss ausreichend Platz für die Starkzehrer (mindestens 2 m) zwischen den Bohnenhecken eingeplant werden.

Nach ca. 2 Monaten kann man die ersten Hülsen ernten. Bei Trockenbohnen lässt man die Hülsen an der Pflanze ausreifen, bis sie rascheltrocken sind, das dauert etwa 4 bis 5 Monate.

Stangenbohnen: Sie sollten wirklich erst Mitte Mai gelegt werden. Je höher die Bodentemperatur, desto schneller und gleichmäßiger laufen die Samen auf. Zuvor müssen aber die Rankgerüste tief und sturmsicher im Boden verankert werden.

Rankgerüste für Stangenbohnen sollten tief und sturmsicher im Boden verankert werden.

Deshalb sollte man in sehr windreichen Gegenden eher Buschbohnen anbauen. Zum Ranken eignen sich sowohl Schnüre und Drähte als auch Stangen.

Kreuzblütler

Steckrüben: Auch Kohlrüben oder Bodenkohlraben genannt, sind ein vergessenes und teilweise auch verhasstes Gemüse. Wurden mit ihnen doch die Hungerjahre der beiden Weltkriege verbunden, in denen die Rüben in vielen Regionen die einzig verfügbare Nahrung der Stadtbevölkerung darstellte. Dabei haben vor allem die gelbfleischigen Vertreter einen feinen Geschmack und sind reich an Vitamin C, vielseitig in der Küche verwendbar und auch noch leicht zu kultivieren. Steckrüben eignen sich gut als Nachkultur von Schnittsalaten oder Spinat in günstigen Regionen. Ansonsten können die Rüben einfach ab Ende Mai/Anfang Juni ins Beet gesät werden. Wenn die Pflänzchen zwei, drei Laubblätter haben, vereinzelt man auf 25 bis 30 cm. Die Ausgezogenen lassen sich auch leicht versetzen oder sie wandern in die Salatschüssel beziehungsweise den Grüntrunk (Smoothie).

Kürbisgewächse

Gurken: Auch Gurken können einfach gesät werden. Der Vorteil der Direktsaat: Gurken mögen nicht gerne versetzt werden, schon gar nicht, wenn die Setzlinge zu groß

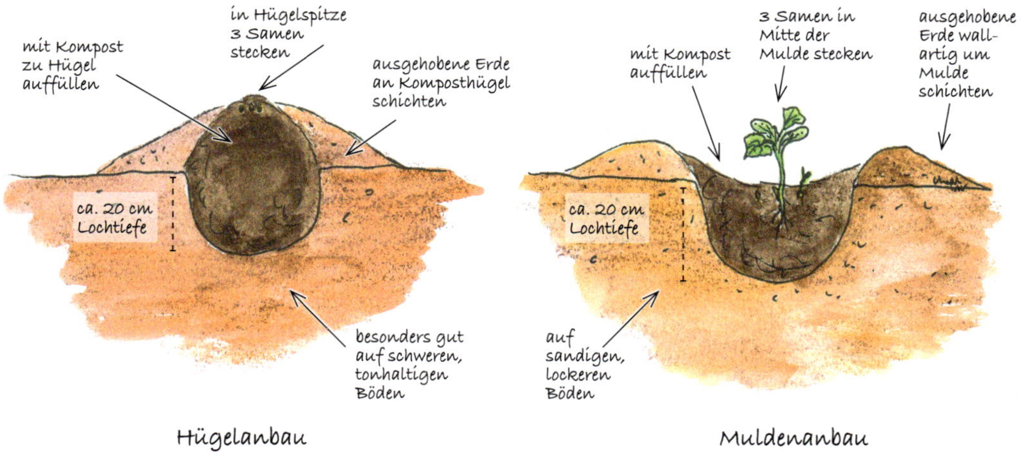

Hügel- oder Muldenanbau bei Kürbisgewächsen: Auf nassen, schweren Böden empfiehlt es sich, Kürbis- oder Zucchinisamen in einen mit Kompost aufgeschütteten Hügel zu stecken, von dem das Wasser gut abfließen kann. Auf sandigen, trockenen Böden ist eine gut mit Kompost versorgte Erdmulde besser, die Nährstoffe und Feuchtigkeit speichert.

geworden sind. Sie wachsen nicht gut an und gehen eher ein. Der Nachteil: Es dauert schon einiges länger, bis die ersten Früchte geerntet werden können. Auch das Schneckenproblem ist in nassen Jahren ein erhebliches. Gurken steckt man erst ab Ende Mai in den Boden, denn sie benötigen, wie alle Kürbisgewächse, eine Keimtemperatur von mindestens 20 °C. Gurken lassen sich auf dem Boden liegend anbauen oder auch an Rankgerüsten in die Höhe ziehen. Gurken mögen warme Luft (keinesfalls darf es ziehen) und einen nährstoffreichen Boden mit genügend Wasserversorgung. Die Pflanzlöcher also gut mit Kompost versorgen und die Starkzehrer alle 14 Tage mit Pflanzenjauche düngen. Hat die Pflanze dies alles zur Verfügung, steht einer reichen Ernte nichts mehr im Weg. Die Pflanzlöcher gut mit Kompost versorgen und die Starkzehrer alle 14 Tage mit Pflanzenjauche düngen.

Kürbisse & Zucchini: Um hier die besten Startbedingungen anzubieten, werden die Pflanzlöcher besonders vorbereitet. Man misst die Pflanzabstände aus und kratzt pro Pflanze ein ca. 20 cm tiefes Loch mit der Gartenhacke aus. Dann füllt man sehr gut verrotteten Kompost ein, sodass ein kleiner Hügel entsteht. Die ausgekratzte Gartenerde wird ebenfalls wieder um den Hügel geschichtet. In die Spitze des Hügels werden dann, je Pflanzstelle, drei Kürbis- oder Zucchinisamen gesteckt. Nicht beerdigen! Vorteil der Hügelsaaten ist, die Starkzehrer sind gleich mit Nährstoffen versorgt und bei schlechtem Wetter fließt das Regenwasser sofort wieder ab. Für schnelleren Keimerfolg kann je nach Höhenlage eine Abdeckung mit einem Vlies hilfreich sein. Das starke und rankende Wachstum von Kürbissen ist für Mischkulturbeete nicht geeignet. Es lohnt sich, diese an den Gartenzaun zu setzen, um gleich eine Rankmöglichkeit zu haben. Auch als Beschattung des Kompostes sind die großen Blätter perfekt. Doch sollte man die Pflanzen nicht auf, sondern direkt neben den Kompost setzen. Als Starkzehrer zieht der Kürbis sonst viel zu viele Nährstoffe aus dem Kompost, der später als Dünger in anderen Kulturen ausgebracht werden sollte. Am Rand findet die Pflanze immer noch genügend Nährstoffe. Ab Mitte, Ende August kann das Längenwachstum der Ranken eingekürzt werden, um die Ausreifung der Früchte zu garantieren.

Als **Faustregel** gilt: Ist der Boden nass, kalt und schwer, empfiehlt sich der Hügelanbau. Ist der Boden dagegen leicht, sandig und eher trocken, steckt man die Samen in eine gut versorgte Erdmulde.

GUT ZU WISSEN

Sollten die Pflanzen gekeimt haben und eine weitere Kälteperiode kündigt sich kann, einfach alte Einmachgläser über die Keimlinge stülpen.

Gute Pflanzvorbereitung: Selleriesetzlinge im Wurzelbad aus Wasser und Pflanzenjauche (Verhältnis 5:1).

Frostempfindliche, einjährige Blumen

Die **Kapuzinerkresse** hat in meinem Mischkulturplan einen festen Platz. Sie gehört keiner der sonst verwendeten Gemüsefamilien an, kann daher überall als „Joker" dazwischen gesät werden. Sie gilt als schöne Blume, Küchenkraut und Heilpflanze gleichermaßen. Die aus Mittelamerika stammende Pflanze ist äußerst wärmebedürftig und keimt auch erst bei hohen Bodentemperaturen. Die dicken, teilweise fingernagelgroßen Samen werden im Abstand von ca. 10 cm ins Saatbeet gelegt. Faustregel beachten, gut anklopfen und angießen. Wählen Sie für die Reihenmischkultur kompaktwachsende Sorten.

Einjährige Kräuter

Auch alle einjährigen Kräuter können direkt ins Beet gesät werden. Wenn Mitte Mai die Böden richtig warm sind, entwickeln sich die Gesäten meist besser als Vorgezogene aus Frühbeetkasten oder Gewächshaus. Das A und O ist die Wärme. Auch die gerne als schwierig eingestufte Petersilie keimt in warmen, nährstoffreichen Gartenbeeten verhältnismäßig schnell. Dasselbe gilt für Basilikum, Dill und Bohnenkraut. Für Direktsaaten braucht man immer etwas mehr Saatgut.

Jungpflanzen setzen

Irgendwann im Laufe meiner Gartentätigkeit bin ich dazu übergegangen, einige Gemüsearten nicht mehr auf ein Saatbeet auszusäen, sondern immer in Schalen oder anderen Behältnissen. Die Setzlinge werden im Zweiblattstadium in kleine Töpfe pikiert. Bis zum Setztermin haben sich kräftige Pflanzen entwickelt, die mit Topfballen leicht versetzt werden können und gut weiterwachsen. Wurzelnackte Pflanzen leiden dagegen bei sonnig heißem Frühlingswetter. Schwache, nicht eingewachsene Setzlinge sind auch sehr schneckengefährdet. Die Setzlinge sind für den Umzug ins Beet bereit, wenn die Wurzeln das Pikiertöpfchen gut durchwurzelt haben und der Wurzelballen sich leicht herauslösen lässt.

Wurzelbäder: Beim Umpflanzen der Setzlinge in die Beete lohnt es sich, ihnen die besten Startmöglichkeiten zu bieten. Ich bereite für alle Pflanzen, die ich setze, Wurzelbäder. Ganz egal, ob gekaufte Stauden, Rosen, Balkonblumen, Dahlienknollen oder eben Gemüsesetzlinge. Im Prinzip ist das nichts anderes, als die Pflanzen je nach Größe in einem Eimer oder einer Schale in Wasser zu baden – so lange bis die Wurzelballen ganz vollgesogen sind. Ich gebe diesem Wurzelbad fertige Pflanzenjauche zu im Verhältnis 5:1 (Wasser:Jauche). Wenn sie zu dem Zeitpunkt keine Pflanzenjauche haben, eignet sich auch gut ein abgekühlter Kräutertee.

CHECKLISTE

Was wird im Mai & Juni gesetzt?

- Doldenblütler – Knollensellerie, Stangensellerie, Petersilie
- Kreuzblütler – Kopfkohl und Blumenkohl, Grünkohl und Rosenkohl
- Kürbisgewächse – Gurken, Kürbis und Zucchini
- Lippenblütler – Basilikum
- Nachtschattengewächse – Tomaten, Paprika, Chili, Auberginen, Kartoffeln
- Zwiebelgewächse – Lauch

Doldenblütler

Sellerie: Er kommt in verschiedenen Formen als Gemüse vor. Knollensellerie ist in unseren Gärten am weitesten verbreitet, ist er doch ein wichtiges Gemüse in der traditionellen Küche. Meist werden die Setzlinge in den Gärtnereien gekauft, denn die Anzucht verlangt etwas Fingerspitzengefühl. Dagegen sind Schnitt- oder Stangensellerie etwas einfacher zu handhaben. Alle Vertreter der Art sollten jedoch erst Ende Mai, Anfang Juni ins Beet gesetzt werden, wenn keine Frostgefahr mehr droht. Kälteeinwirkung lässt Sellerie vorzeitig schossen. Schnitt- und Stangensellerie wird im Abstand von 15 bis 20 cm ins Beet gesetzt.

Knollensellerie muss „hochgesetzt“ werden, das heißt, der ausgepflanzte Setzling sollte mit dem Wurzelballen etwas aus der Erde schauen, da sich sonst zu viele Seitenwurzeln bilden. Eine gute Mischkulturkombination gelingt mit Lauch, auch wegen der unterschiedlichen Wuchsstruktur. Dafür werden die Konllenselleriesetzlinge auf die beim Ziehen der Lauchrillen entstandenen, ausgekratzten Erdhaufen gesetzt, im Abstand von 30 bis 40 cm. Nach und nach wandert die Erde von den erhöhten Knollenselleriepflanzen ab. Ich lege auch gern den Hals der Pflanze mit den Händen immer wieder frei, denn nur so werden sich schöne Knollen bilden. Knollensellerie zählt bei mir zu den Starkzehrern. Beim Setzen sollte man reifen Kompost mit etwas Asche vermischt ins Pflanzloch geben. Sobald die Pflanzen eingewachsen sind, bekommen sie regelmäßige Düngegaben mit verdünnter Beinwell-Brennnessel-Jauche. Sellerie kann auch sehr gut auf halbschattigen Beeten angebaut werden.

GUT ZU WISSEN

Der heimische Doldenblütler wächst wild auf salzhaltigen Küstenstreifen. Ab und zu ein wenig Salz um die Pflanze in den Boden einarbeiten, das fördert die Knollenbildung!

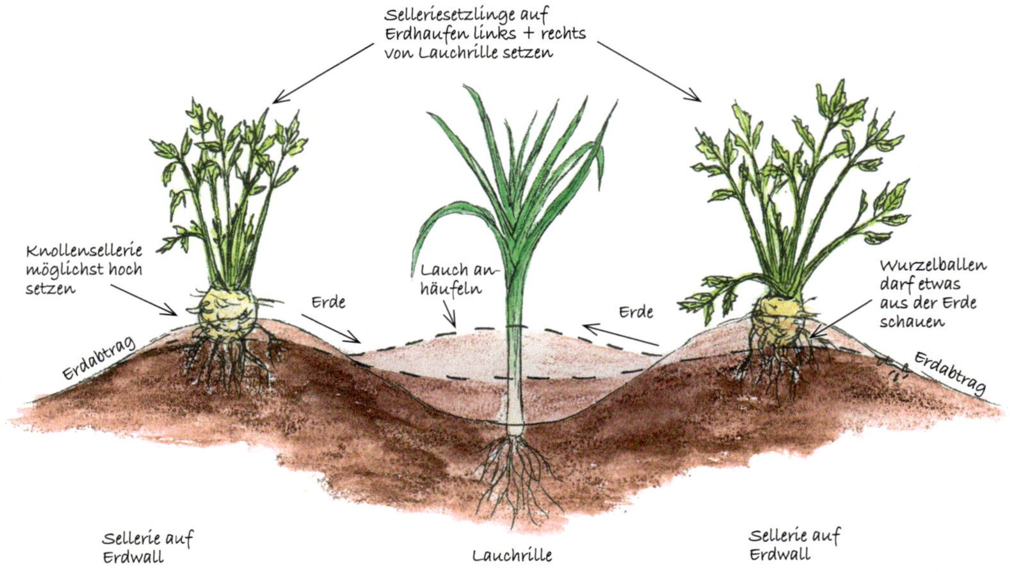

Mischkulturpartner Knollensellerie und Lauch: Die Selleriesetzlinge beziehen den Platz auf den beim Ziehen der Lauchrillen entstandenen Erdwällen. Nach und nach wandert die Erde von den erhöhten Knollenselleriepflanzen ab und wird an die Schäfte der tiefersitzenden Lauchpflanzen gehäufelt.

Braunkohl in Mischkultur mit Ringelblume und Schwarzwurzel.

Kreuzblütler

Blumenkohl und Kopfkohl: Zu den Kopfkohlvertretern gehören Rotkraut, Weißkraut und Wirsing. Als heimische Gemüsearten waren sie seit Jahrhunderten in vielfältigster Zubereitung auf den Tellern unserer Vorfahren zu finden, nicht zuletzt als Sauerkraut. Kohlanbau an sich wird in jüngerer Zeit oftmals als schwierig und aufwendig eingestuft, was ich nicht bestätigen kann. Wenn man ein paar einfache Hinweise befolgt, ist der robuste Kreuzblütler meiner Erfahrung nach sogar vergleichsweise pflegeleicht.

Als Starkzehrer verlangt Kopfkohl tiefgelockerten Boden mit ausreichender Nährstoffversorgung, gut verrottetem Mist oder Kompost. Zusätzlich wird in regelmäßigen Abständen noch Pflanzenjauche verabreicht. Den Fruchtwechsel muss man einhalten, nur alle 4 Jahre dürfen Kohlgewächse und andere Familienvertreter auf demselben Platz stehen. Wird immer nur eine Reihe Kohl mit hilfreichen Nachbarn in Reihenmischkultur angebaut, haben auch Schädlinge wenig Spielraum. Bei mir im Garten steht der Kohl neben stark duftenden Tomaten, Petersilie und Tagetes. Im Mai werden die vorgezogenen Setzlinge im Abstand von etwa 40 cm ausgepflanzt. Den Platz dazwischen können davor schon Salatpflanzen besetzen, die geerntet sind, wenn der Kohl den Platz braucht.

Bei ausreichender Fruchtfolge und im Mischkulturanbau ist Kohl eine vergleichsweise pflegeleichte, wenn auch nährstoffbedürftige Kultur.

Blattkohlarten und Rosenkohl: Zu den Blattkohlarten zählen Grünkohl, Braunkohl, Palmkohl und Markstammkohl. Blattkohl stellt nicht ganz so hohe Ansprüche an die Bodenverhältnisse und das strikte Einhalten des Fruchtwechsels. Die Pflanzen an sich sind sehr winterfest, die meisten Sorten vertragen auch mal Kahlfrost. Rosenkohl ist der ideale Kohl für kleine Haushalte. Die kleinen Rosen können nach Bedarf

Kartoffelvielfalt – Kartoffeln gibt es in vielen Farbausprägungen und Formen.

ab November/Dezember von unten nach oben abgeerntet werden. Die oberen, kleineren Röschen werden im Laufe des Winters noch ein bisschen nachwachsen. Beim Rosenkohl unbedingt auf Wintersorten achten – die meisten im Handel angebotenen Jungpflanzen sind Herbstsorten, die im April/Mai verkauft werden.

Alle Arten werden in der Regel aber als Wintergemüse kultiviert und kommen nach später Saat (April) erst Ende Mai, Anfang Juni in die Beete. Die Setzlinge mit Bodenballen in Reihen mit Abstand von 40 cm versetzen, gerne auch etwas tiefer. Im Anspruch an Boden und Dünger sind beide Arten wie Kopfkohl zu behandeln. Das verleiht den groß werdenden Pflanzen Halt und lässt sie mehr Wurzeln ausbilden. Alle Kohlarten lieben die Nähe von Tomaten und Salat, auch wenn diese sortenbedingt im Mischkulturplan nicht immer möglich ist.

Nachtschattengewächse

Kartoffeln: Sie sind ein wunderbares Gemüse für Garteneinsteiger und die optimale Kultur auf neu umbrochenen oder nach Baumaßnahmen freiwerdenden Flächen. „Kartoffeln lieben jungfräuliche Böden“, so sagten früher die Bauern in unserer Gegend. Ein weiterer Vorteil eines erstmaligen Kartoffelanbaus liegt darin, dass durch die tiefgründige Bodenbearbeitung beim Setzen das spätere Mulchen und die zusätzliche Beschattung der krautigen Pflanzenteile der Boden locker und unkrautfrei bleibt. So entsteht quasi neben einer ersten Ernte noch ein toller Gartenboden (siehe Seite 25).

Für eine frühere Ernte oder damit in Gegenden mit eher feuchter Sommerwitterung die Pflanzen einen Wachstumsvorsprung bekommen, können die Knollen vorgekeimt werden. Dazu holt man die vorgesehenen Saatkartoffeln etwa 3 bis 4 Wochen vor dem Legen aus dem Keller oder besorgt sie beim Händler. Dann legt man sie in flache Kisten nebeneinander und stellt sie hell und warm bei etwa 10 bis 14 °C auf. Bei uns geht das ideal im hellen, warmen Gartenhaus. Sobald sich kurze grüne, kräftige Triebe gebildet haben, kann man setzen. Nach der Ernte säe ich dann Anfang August in die tief gelockerte Reihe gerne meine Winterrettiche.

Kartoffeln lieben einen sonnigen, luftigen, gerne auch windigen Standort. Ich ziehe die Reihen gerne so, dass sie zur Hauptwindrichtung liegen. Die Furchen sind etwa 15 cm tief. Alle 30 bis 40 cm wird eine Kartoffel gelegt. Die direkte Pflanzstelle der Knolle wird zuvor noch zusätzlich mit etwa 1 Liter Kompost, der mit einer Handvoll Holzasche vermischt wurde, versorgt. Dazu gebe ich noch eine Handvoll zerrupfte Beinwelltriebe, die natürliches Kali zur Knollenbildung liefern und Brennnesselblätter mit Stickstoff für das Blattwachstum. Dann zieht man die Reihen zu, häufelt leicht an und markiert, damit man weiß, wo man hacken darf. Der Abstand zwischen den Reihen beträgt ca. 60 cm.

In meinem Kartoffelanbau befinden sich neun verschiedene Sorten. Die meisten davon habe ich aus Samen gezogen. Sie

Nicht nur rund und rot: Auch bei Tomaten findet sich eine Vielzahl unterschiedlicher Sorten von gelb bis schwarz, murmelklein bis riesengroß.

sind (deshalb) nahezu Kraut- und Knollenfäule frei. Ich lese bei Kartoffeln, wie auch bei allen anderen Gemüsearten, auf Robustheit, gute Ernteerträge und Geschmack aus. Zwischen die jeweiligen Kartoffelsorten säe ich je eine Reihe Ringelblumen, an den Rändern stehen Borretsch und Sonnenblumen. Nach ca. 3 Wochen keimen die Knollen, dann werden sie angehäufelt, das regt die Knollenbildung an. Sollte es in dieser Zeit nochmals Spätfrost geben, stülpen Sie über Nacht einen Eimer oder ein Einmachglas über das Kraut. Kartoffeln vertragen keinerlei Frost, das Blattwerk wird schwarz. Die Knollen sind dann zwar nicht kaputt, aber in ihrer Entwicklung um 3 bis 4 Wochen zurückgeworfen.

Tomaten (Paprika, Chili, Andenbeeren, Auberginen): Alle Arten aus der Familie der Nachtschattengewächse sind Starkzehrer und ihrem Herkunftsgebiet entsprechend wärmebedürftig. Je nach Region ist es vorteilhaft, die Kulturen im Gewächshaus, an der schützenden Hauswand oder überdacht auf dem Beet anzubauen. Manche Sorten können auch im Freien stehen. Allen gemein ist der hohe Nährstoffanspruch. Wir möchten ihnen aus unserer gärtnerischen Erfahrung verschiedene Möglichkeiten des Anbaus vorstellen. Es gibt allein bei Tomaten so viele unterschiedliche Sorten, dass für jede Höhenlage, Region und Gegebenheiten etwas dabei ist. Erfolg durch die richtige Sortenwahl gilt hier besonders, aber auch bei allen anderen Gemüsearten. Diese Empfehlungen beziehen sich auf eine mittlere Höhenlage von 500 m. Im Weinbauklima kann auch ein kompletter Freilandanbau funktionieren und umgekehrt in Höhenlagen oder generell in rauem Klima kommt nur eine Kultur im Gewächshaus oder an der geschützten, warmen Hauswand infrage. Alle genannten Arten sind Starkzehrer, brauchen ein gut vorbereitetes Pflanzbeet und gute Düngergaben. Alle Kulturen müssen in eine Fruchtfolge integriert werden, lediglich bei Tomaten gibt es Ausnahmen. Tomaten sind eigentlich sehr unkompliziert. Sie sind mit sich selbst verträglich. Das bedeutet, sie können jedes Jahr an die gleiche Stelle gesetzt werden. Sollte sich aber einmal die Pilzkrankheit Kraut- und Braunfäule eingestellt haben, muss unbedingt gewechselt werden. Der Pilz ist dann schon im Boden und würde die Pflanzen erneut befallen.

Die Beete werden zur Pflanzzeit tief gelockert und gut mit Kompost versorgt. Für alle genannten Arten hebe ich ein ca. 30 cm tiefes und fast genauso breites Pflanzloch aus. Da hinein gebe ich frisch gepflückte Brennnesseltriebe. Das Kraut etwas zusammenballen, pro Pflanzloch ca. zwei Handvoll hineinlegen. Eine gute Handvoll Hornspäne obenauf, etwas

GUT ZU WISSEN

Anbau unter Dach: die meisten Tomatensorten, Auberginen, Andenbeeren, Paprikasorten
Anbau im Beet: alle Wildtomaten, einige besonders resistente Tomatensorten, Chili, robuste Paprikasorten beispielsweise aus Ungarn

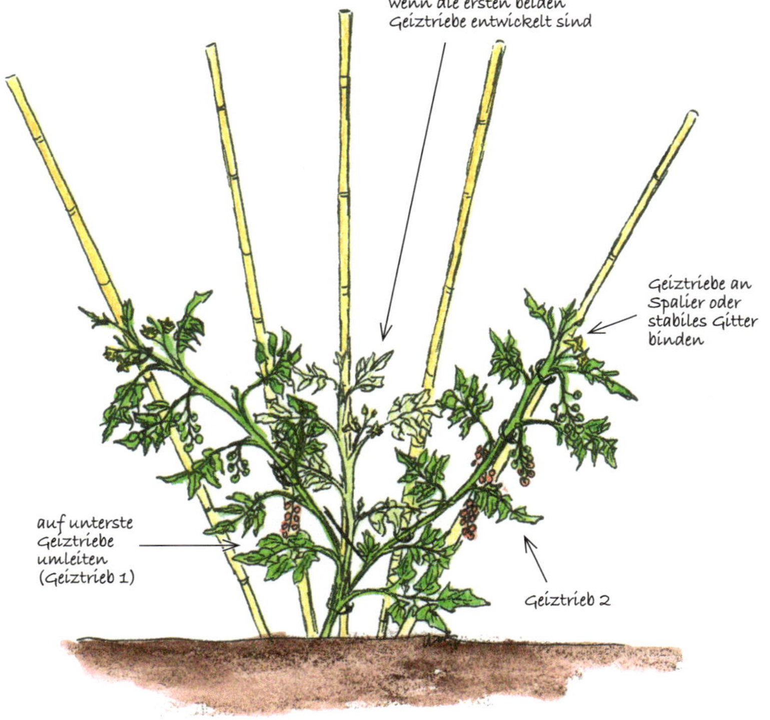

Tomaten am Spalier ziehen.

Kompost darüber. Die Pflanzen daraufsetzen, so tief (vor allem die Tomatenpflanzen), dass sie bis zum untersten Blattpaar unter der Erdoberfläche sitzen. Das sieht im ersten Moment sehr merkwürdig aus. Die schön gewachsenen Setzlinge verschwinden förmlich im Beet. Aber keine Angst, die Tomaten wachsen gleich richtig los. Sie können aus den in der Erde befindlichen Stängelteilen weitere Wurzeln bilden. Viele Wurzeln bedeutet kräftiger Pflanzenwuchs, und das wiederum reiche Ernte. Die anderen Arten werden auch etwas tiefer gesetzt, jedoch nicht so tief wie Tomaten. Pflanzabstand bei allen Arten etwa 50 cm. Die meisten Tomatensorten, die im Privatgarten stehen, werden eintriebig, höchstens zweitriebig gezogen. Das heißt, alle sich laufend entwickelnden „Geiztriebe" werden bei einer Länge von maximal 10 cm entfernt.

Tomatenanbau unter Foliendach mit Spiralstäben und stabilen Schnüren als Halterung.

Der verbleibende Haupttrieb wird an einen stabilen, fest in der Erde sitzenden Stecken gebunden – mit einer nicht zu dünnen Schnur, damit die Pflanze nicht eingeschnürt wird. Den Haupttrieb fixiert man unterhalb einer Fruchtachse mit einem „Achterknoten". Diese Methode wende ich innerhalb der Reihenmischkultur im Gemüsegarten an. Hier werden auch die Paprikapflanzen an einen Stecken gebunden.

GUT ZU WISSEN

Tomaten lassen sich auch mehrtriebig als Spalierfrucht ziehen, dafür wird der Haupttrieb gekappt, nachdem sich die ersten beiden „Geiztriebe" aus den untersten Blattachseln entwickelt haben. Diese werden dann an ein stabiles Gitter gebunden. Von den sich kräftig entwickelnden Trieben können nochmal Seitentriebe abgeleitet werden. Das lohnt sich vor allem bei kräftig wachsenden, kleinfrüchtigen Sorten. Es dauert zwar etwas länger, bis die Pflanzen fruchten, dafür bringt jede etwa doppelt so viel Ertrag.

Zwiebelgewächse

Lauch: Er ist sehr einfach anzubauen. Neben Sommer- und Herbstsorten werden vor allem Wintertypen angebaut. Das vielseitige Wintergemüse wurde im März in kleintopfige Pikierplatten vereinzelt und kann dann ab Mai in Bleistiftdicke ausgepflanzt werden. Er lässt sich aber auch unpikiert leicht versetzten. Wichtig dabei ist, die langen Wurzeln mit dem Fingernagel etwas einzukürzen. Dann wird eine ca. 10 cm tiefe Rille gezogen und die Setzlinge im Abstand von 10 cm schräg an die Rillenwand gelegt. Die Topfballen oder Wurzeln in den Rillenboden drücken und leicht mit Erde zudecken. Nach dem Anwachsen und dann alle 2 Wochen etwas anhäufeln. In der ersten Zeit geschieht dies durch Zuschieben der Furchen. Lauch wächst sehr langsam, besonders in den ersten Wochen. Durch die Häufelarbeit wird gleichzeitig das Unkraut in Schach gehalten und die Stangen gebleicht, was den langstieligen Sommertypen entgegenkommt. Mein liebster Lauch ist die Sorte 'Blaugrüner Winter'. Er bleibt das ganze Jahr auf dem Beet und verträgt selbst zweistellige Minusgrade. Sein Wuchs ist eher gedrungen. Stangen werden bei Bedarf den ganzen Sommer über herausgezogen, sodass die verbleibenden Lauchpflanzen gleichzeitig mehr Platz bekommen.

Einjährig gezogene Kräuter

Basilikum: Dies hat sich mittlerweile auch als unverzichtbares Würzkraut in unseren Gärten etabliert. Tomaten mit frischem Basilikum gehören genauso zusammen wie Bohnen und Bohnenkraut oder Gurken und Dill. Wegen seiner mediterranen Herkunft braucht Basilikum eine sehr hohe Keimtemperatur, deshalb fahre ich beim Anbau immer zweigleisig: Ende März/Anfang April säe ich verschiedene Sorten in Töpfe und siebe nur wenig Erde darüber. Basilikum ist ein Lichtkeimer. Wenn das Wetter mitspielt und die Sonne das unbeheizte Folienhaus oder den Frühbeetkasten so erwärmt, dass die Samen keimen, werden diese ab Ende Mai, Anfang Juni versetzt. Ansonsten gilt Plan B: Direktsaat ab Ende Mai. Das äußerst wärmebedürftige Kraut gedeiht in guten Sommern ohne Probleme im Beet.

Walburgas Tipp:

Eine Knoblauchzehe neben den Tomatenstock gesteckt, hilft Erkrankungen wie der Braun-oder Krautfäule vorzubeugen und die Pflanzen generell zu stärken.

Lauch setzen: Die langen Wurzeln werden mit dem Fingernagel zum besseren Anwachsen etwas eingekürzt.

Petersilie gehört zum Standardinventar in jedem Kräuterbeet, auch wenn sie im Anbau nicht ganz unkompliziert ist.

GUT ZU WISSEN

Kleinblättrige Sorten (wie das Buschbasilikum) sind robuster und lassen sich länger beernten, bevor sie zu blühen beginnen.

Schon bei der Ernte verströmt Basilikum sein unvergleichliches Aroma.

Petersilie: Sie zählt zusammen mit Schnittlauch zu den Standard-Würzkräutern im Hausgarten. Es gibt bei der Blattpetersilie glatte und gekrauste Sorten. Petersilie ist sehr geschmacksintensiv und vielseitig verwendbar, gilt aber im Anbau als ausgesprochene Diva. Es gibt ein paar Voraussetzungen, die für einen erfolgreichen Anbau unbedingt zu beachten sind. Sie braucht bis zu 3 Wochen zum Keimen, dabei ist eine gleichmäßig hohe Keimtemperatur und eine regelmäßige Wasserversorgung wichtig. Sie sollten auf frisches Saatgut achten, das Kraut ist höchstens bis zu 2 Jahre ausreichend keimfähig. Und der wichtigste Punkt: Petersilie möchte immer auf einem frischen Boden stehen. Sie ist mit sich selbst und mit allen anderen Doldenblütlern unverträglich. Deshalb findet das Küchenkraut seinen eigenen Platz in meinem Mischkulturplan und wandert alljährlich auf ein neues Feld. Ich ziehe das Kraut jedes Jahr neu im Gewächshaus vor. Dafür werden je einige Samen in Töpfe ausgesät. Die Setzlinge kommen dann Ende Mai ins Beet.

Walburgas Tipp:

Die glattblättrigen Sorten sind etwas einfacher und pflegeleichter im Anbau. Wenn Sie zudem jedes Jahr einen Stock Petersilie blühen lassen, haben Sie immer frisches, eigenes Saatgut zur Hand.

Wichtige Gartenarbeiten im Mai und Juni

Die zunehmende Wärme im Boden regt nicht nur die gesäten und gesetzten Kulturen zum Wachsen an. Auch Un- oder Beikräuter profitieren von den Temperaturen und besiedeln vermehrt die Beetflächen. Spätestens ab jetzt heißt es **hacken**, um das unerwünschte Auflaufen im Zaum zu Halten. Einmal in der Woche arbeite ich meine ganzen Beete durch. Dabei kann man die Gartenhacke einfach durch die Reihen ziehen. Vorsichtig und mit Abstand, damit die erwünschten Sämlinge beim Keimen nicht zerstört werden. So hält man die Böden locker und unkrautfrei.

Bei den wöchentlichen Hackarbeiten können Sie verschiedene Kulturen **anhäufeln**. Man fängt erst damit an, wenn die Setzlinge gut angewachsen sind. Dabei wird umliegende Erde vorsichtig an die Gemüsepflanzen geschichtet. Man möchte damit die Pflanze veranlassen, mehr Seitenwurzeln zu bilden, was für kräftigeres Wachstum sorgt.

CHECKLISTE

Angehäufelt werden:

- Tomaten, alle Kohlpflanzen (außer Kohlrabi), Lauch, Erbsen, Bohnen und Kartoffeln

Alle gesäten Kulturen müssen jetzt außerdem händisch **von Unkraut befreit** werden, damit die Keimlinge überhaupt eine Chance haben. Das ist mühselig und verlangt auch etwas Geduld, lohnt sich aber in jedem Fall. Wenn sie dies einmal konsequent gemacht haben, werden sie bei den wöchentlichen Kontrollgängen nur noch einzelne Nachzügler finden. Zu dicht stehende Sämlinge werden dabei auch gleich ausgezogen, liegengelassen, oder wandern in die Salatschüssel.

GUT ZU WISSEN

Ein alter Gärtnerspruch lautet: „Lieber dreimal hacken als einmal gießen". Beim Hacken wird die Kapillarwirkung im Boden unterbrochen, das heißt die Feuchtigkeit bleibt im Boden statt nach oben gesogen und verdunstet zu werden.

Mulch als Bodenschutzdecke im Gemüsebeet: So bleibt die Feuchtigkeit im Boden.

Mulchen ist Bodenschutz

Der Boden zwischen den Reihen wird immer wieder dünn (ca. 1 cm) mit Pflanzenmaterial abgedeckt. Dafür eignet sich alles, was im und um den Garten anfällt: gezupftes Unkraut ohne Samen, Ernterückstände von Gemüse, Geiztriebe von

Nach dem Pflanzen ausgiebig, aber vorsichtig angießen.

Tomaten, gekappte Triebe von Gurken, Stangenbohnen oder Kürbissen, die einfach etwas verkleinert werden, Rasenschnitt, zerkleinerte Brennnesseltriebe oder Beinwellblätter. Das Ausbringen von Pflanzenmaterial auf den Beeten ist im Prinzip sowas wie einfache Flächenkompostierung. Wichtig ist, die Flächen immer wieder dünn und locker zu bedecken. Für große, kräftige, sparrig wachsende Pflanzen und solche, die den ganzen Sommer auf den Beeten bleiben, ist eine ständige Mulchschicht besonders geeignet. Das gilt besonders bei: Kartoffeln, Tomaten, Kürbissen, Kohlpflanzen und Gurken. Eine Mulchdecke bekommen auch die Folienhausbewohner sowie die Fruchtpflanzen in den Kübeln.

Gießen für einen guten Start

Pflanzen brauchen Wasser zum Wachsen. Bei Saat und Pflanzung von Setzlingen ist es wichtig, diese gut und kräftig anzugießen und das bei Bedarf auch zwei, drei tagelang zu wiederholen. Doch tägliches Gießen können Sie sich sparen, es ist sogar schädlich. Pflanzen, die jeden Tag mit ein bisschen Wasser versorgt werden, sind im übertragenen Sinne als faul und träge einzustufen. Die Pflanzen werden ihre Wurzeln nur in den oberen Bodenschichten ausbreiten. Dagegen sind solche ohne ständige Wassergaben darauf angewiesen, sich ihre Lebensgrundlagen aus tieferen Bodenschichten zu holen. Diese Pflanzen bilden längere Wurzeln aus, wachsen somit kräftiger und sind robuster. Wichtig dabei ist, die Feuchtigkeit im Boden durch regelmäßiges Hacken und später mit einer Mulchschicht zu halten. Wenn es dann doch mal drei Wochen keinen Regen geben und das Thermometer zusätzlich auf über 30 °C steigen sollte, kann gegossen werden. Wichtig ist dabei, dass das Wasser direkt an den Wurzelbereich kommt und der Boden gut durchfeuchtet wird. Weitere Tipps zum richtigen Gießen finden Sie auf Seite 133.

Pflanzen düngen mit verschiedenen Flüssigdüngern

Wer reiche Ernte will, muss den Pflanzen die bestmöglichen Bedingungen bieten. Viele Gartenbesucher fragen mich immer wieder nach dem Trick für eine reiche Ernte, was sich hauptsächlich auf die fruchtbildenden Starkzehrer bezieht. Die Antwort ist einfach: Eine regelmäßige, ausgewogene Düngung ist wichtig. Dafür eignen sich die selbst herzustellenden, günstigen Pflanzenjauchen ganz besonders. Alle Pflanzen mit hohem Nährstoffverbrauch werden an einem Tag in der Woche extra gedüngt. Auch Setzlinge aller Art freuen sich über diese Starthilfe, wenn sie schon angewachsen sind.

Walburgas Tipp:

Tomaten lieben Milch! Vielleicht liegt es an den verschiedenen Mineralstoffen und Spurenelementen. Jedenfalls reagieren sie mit besonders kräftigem Wachstum auf eine wöchentliche Magermilchgabe (Vollmilch mit Wasser verdünnen, im Verhältnis 1:3).

CHARLOTTES MISCHKULTURBEET *im Mai & Juni*

Pflanzzeit für kälteempfindliche Hauptkulturen:

- Idealerweise beginnt man Anfang Mai damit, die Tomatenjungpflanzen abzuhärten, das heißt an sonnigen Tagen tagsüber ins Freie stellen, um sie langsam an das Außenklima zu gewöhnen.
- Mitte Mai sind die letzten Fröste in der Regel vorbei. Nun können endlich Tomaten und Zucchinipflanzen ins Beet. Die Starkzehrer kommen am besten mit einer Gabe Kompost ins Pflanzloch. Die Tomaten brauchen zum Wachsen eine Stütze wie Stöcke oder Spiralstäbe.
- Die frostempfindliche Kapuzinerkresse kann Mitte Mai ebenfalls in die Reihe gesät (oder gepflanzt) werden. Sie hält im Hochsommer mit ihrem üppigen Blätterteppich den Boden um die Tomaten feucht. Wo sie stört, kann sie einfach abgeerntet werden.

Ansonsten heißt es Pflegen & Ernten:

- Das Beet um die Zwiebelreihe herum weiterhin möglichst unkrautfrei halten.
- Auch die langsam wachsenden Karottenpflänzchen profitieren vom regelmäßigen Hacken oder Jäten. Zu dicht gesäte Möhren per Hand auf einen Abstand von etwa 5 cm vereinzeln – falls das nicht schon im Zuge der Radieschenernte passiert ist.
- Sowohl Zwiebeln als auch Karotten haben bescheidene Nährstoffansprüche; auf normalen Gartenböden kommen sie gut (oder sogar besser) ohne Düngerzugabe klar. Spritzen Sie die Zwiebeln bei Befall mit falschem Mehltau (oder auch vorbeugend) mit Ackerschachtelhalmtee ein.
- Wer dazu kommt, setzt Anfang Mai Brennnesseljauche an. Starkzehrer wie Tomate und Zucchini, aber auch der Mittelzehrer Kohlrabi freuen sich über einen zusätzlichen Nährstoffschub alle 3 bis 4 Wochen.
- Pflücksalat kann laufend beerntet werden. Er hat ein relativ langes Erntefenster, wenn man immer nur die äußeren Blätter erntet. Mangold ist nach dem gleichen Prinzip ab etwa Ende Juni bis ins nächste Frühjahr beerntbar.
- Ende Juni sind meist auch schon Kohlrabi und Zuckererbsen erntereif. Beide können roh genascht oder gekocht gegessen werden.
- Wer die Blüten der Ringelblumen regelmäßig zum Trocknen oder für den Direktverbrauch erntet, regt die Blumen zu verstärkter Blütenbildung an.

Voranzucht Nachkulturen:

- Ab Mitte Mai, bis Mitte Juni können Endivien (oder andere Herbstsalate) für die Nachkultur vorgezogen werden. Wer nicht dazu kommt, besorgt sich einfach später ein paar Jungpflanzen. Pro Meter benötigt man etwa vier Pflanzen.

Das Mischkulturbeet Ende Juni: Feldsalat und Spinat sind abgeerntet und auch die Radieschen haben ihre Plätze zwischen den jungen Karottenpflänzchen geräumt. Die wärmebedürftigen Hauptkulturarten Tomate und Zucchini sind seit Mitte Mai im Beet, ebenso die Kapuzinerkresse.

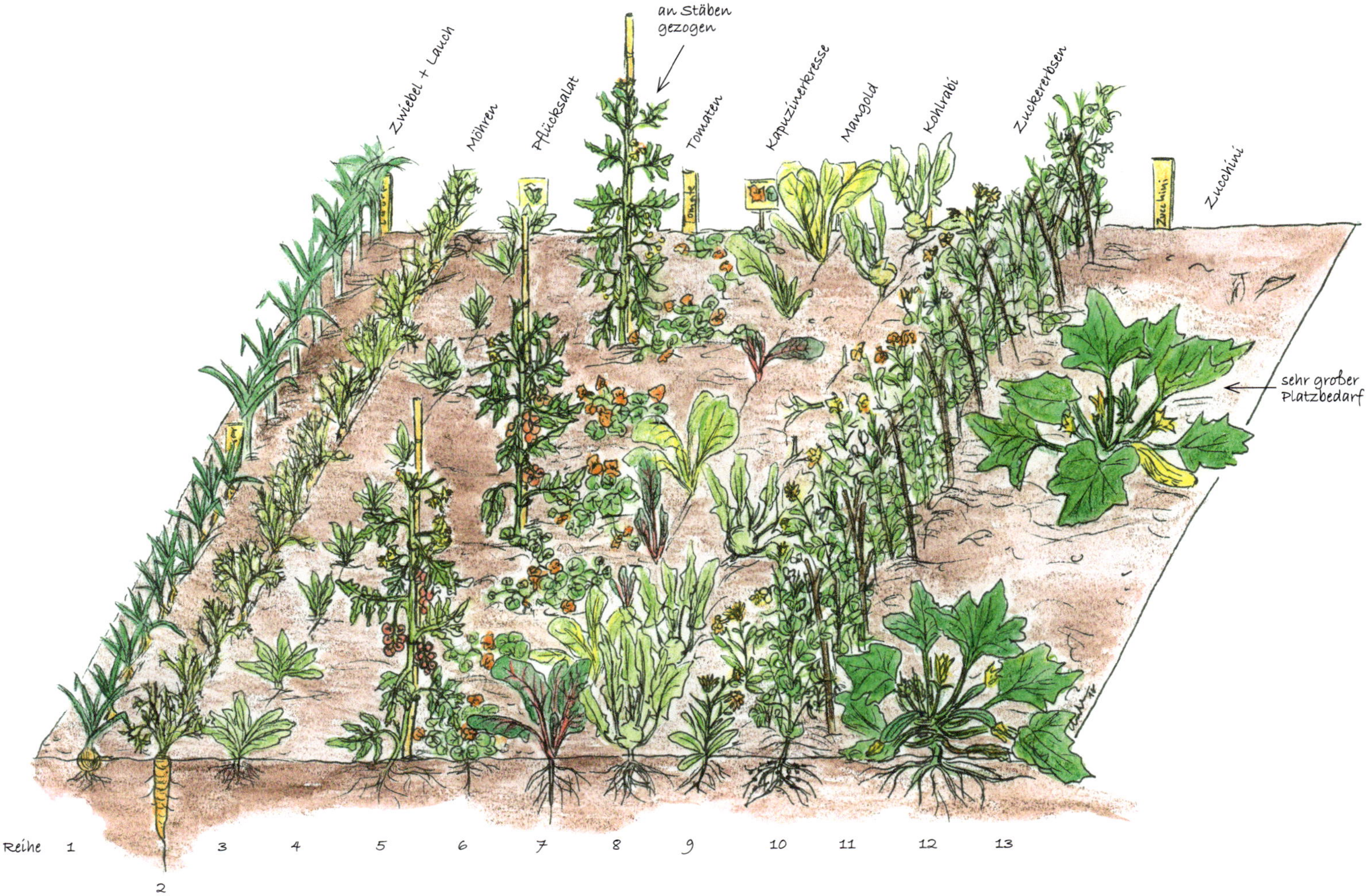

DO IT YOURSELF!
Charlottes & Walburgas Gartenideen

Abfall oder ein Fall für kreative Weiterverwendung? Einige ausrangierte Alltagsgegenstände oder bei Holzarbeiten anfallende „Abfallprodukte“ lassen sich im Garten sinnvoll recyceln.

Walburgas einfache Staudenhalterungen

Ein Staudengürtel ist nicht nur in windreichen Gegenden hilfreich, sondern auch Nektarquelle und Rückzugsort für viele Nützlinge. Gerade hoher Staudenphlox, Herbstastern, Pfingstrosen oder Dahlien brauchen eine Stütze. Dafür gibt es verschiedene einfache, fast in jedem Garten verfügbare Materialien, die sich in der Anwendung in meinen Gärten bewährt haben.

Praktischer Hingucker – Pfingstrosen im umfunktionierten Korb.

Körbe: In fast jedem Haushalt gibt es ausgediente Einkaufskörbe, Erntekörbe oder sonstige Behältnisse aus Weiden, Holzspänen oder anderen Naturmaterialien. Bevor man sie endgültig wegschmeißt, weil der Boden durchbricht, können sie noch 2 bis 3 Jahre gute Dienste im Garten tun. Ich habe eine Vielzahl alter Pfingstrosen am Gemüsebeet, die zwar sehr schön sind, aber leider auch bei Regenwetter auseinander fallen. Die bodenlosen Körbe halten die Blütenpracht zusammen und sind auch noch ein interessanter Hingucker.

Hecken- oder Baumschnitt: Statt das Ergebnis der jährlichen Heckenpflege zu schreddern oder auf den Grünguthof zu bringen, lassen sich viele Äste und Zweige als Stützen für Stauden oder Erbsen verwenden. Wichtig ist nur darauf zu achten, dass sie keine frischen Weiden, Johannisbeeräste oder Forsythien in den Boden stecken, diese würden nach einer gewissen Zeit austreiben. Reich verzweigte starre Äste von Baumschnittmaßnahmen eignen sich gut als Rankhilfe für Erbsen. Aus daumendicken Ästen von Hasel oder Hainbuchen lassen sich einfach ganze Zäune biegen. Aus Erfahrung sind die zweijährigen Triebe am besten geeignet, sie lassen sich gut biegen, ohne zu brechen, halten aber höchstens 2 Jahre.

Gebogener Zaun aus Ästen am Beetrand.

Langlebiges Namenschild aus Holz für Butterkohl.

Walburgas Geheimtipp: mit Tassen gegen Ameisen

Ameisen im Garten gab es schon immer, doch in den letzten Jahren musste ich feststellen, dass sie vermehrt auftreten – vielleicht auch den wärmeren Temperaturen geschuldet. Selbst durch Schwiegermutters Methode, Backpulver auszustreuen, ließen sie sich nicht wirklich reduzieren. Nicht nur, dass sie ihre Nisthöhlen im sonnig warmen Gemüsebeet anlegen, sie beschützen auch Blattläuse vor Fraßfeinden, was natürlich den Gärtner überhaupt nicht erfreut. Also sieht man in meinen Gärten immer mal wieder eine alte Tasse kopfüber ins Beet gestülpt. Ist diese geschickt in Nestnähe platziert, dauert es nicht lange und die Tiere werden sie zum Nestbau annehmen. Mit einem unter die Tasse geschobenen Teigschaber lässt sich das Ameisenvolk leicht umsiedeln. Diese Methode funktioniert aber nur während der Nestbauphase von April bis ungefähr Juni.

Charlottes Namensschilder für Gemüse

Meine Mutter und meine Oma haben nach der Ansaat das leere Tütchen gerne in eine Beetecke gesteckt, um zu dokumentieren, dass dort etwas gesät wurde und natürlich auch, um welche Sorte es sich handelte. Naja, im Laufe des Sommers, nach Regengüssen und Hitzeperioden war von dem ehemaligen „Samenpäckle" nur noch ein unleserliches Stück Papier übrig.

Ich bin dann dazu übergegangen, dauerhafte Schilder anzufertigen. So haben die Gemüsereihen einen ca. 60 cm langen und 2 bis 3 cm breiten, dünneren Stecken, den es in Sägewerken oder Zimmereien als Brettabfall gibt. Es lohnt sich, diese auch extra sägen zu lassen, denn sie können jahrelang verwendet werden. Mit einem Schmirgelpapier wird der Schriftbereich geglättet und mit einem wasserfesten Stift die Kulturart und der Name eingetragen.

Alte Kaffeetasse als Umzugshelfer: Ameisenumsiedeln leicht gemacht.

DIE GUTEN INS TÖPFCHEN
Ernten & Rezeptideen

Gärtner wünschen sich jetzt ein ausgewogenes Wetter, damit alles, was gesät und gepflanzt wurde, optimal wachsen und gedeihen kann. Die Sonne hat Kraft, die Böden sind warm, da wird eigentlich nur noch ab und an ein Regenschauer gebraucht. „Wenn's im Mai viel regnet, ist das Jahr gesegnet." So lautet eine alte Bauernregel. Und tatsächlich bringen erst die warmen Mairegen das ersehnte Wachstum im Garten.

Das wird jetzt geerntet

Alle 2 bis 3 Tage können je nach Sorte frische **Erdbeeren** gepflückt werden. Kontinuierliche Ernte regt das Abreifen der Früchte an. Erdbeeren sind reif, wenn sie ganz rot durchgefärbt und keinerlei weiße Stellen mehr zu sehen sind. Die Frucht wird immer mit Fruchtstiel und Kelchblättern geerntet.

Dicke Bohnen reifen in dicken, ledrigen Hülsen. Diese sollten noch grün und leicht glänzend geerntet werden. Bricht man die Hülsen auf, liegen darin vier bis fünf große weiche Samen. Sie werden blanchiert zu Salat oder Gemüse verarbeitet. Ist man etwas zu spät dran, wird die Samenhaut fester und auch zäh. Dann kann der weiche Samenkern nach dem Kochen aus der Haut gelöst und so weiterverarbeitet werden.

Johannisbeeren für den Sofortgebrauch oder zum Einfrieren am besten vorsichtig einzeln abzupfen. Dann zur später leichteren Entnahme die Beeren zuerst auf einem Tablett dünn auslegen und einfrieren. Am nächsten Tag kann man sie in Tüten oder Gefrierboxen umfüllen. Zur Saftgewinnung können die ganzen Rispen geerntet werden, gleich weiterverarbeitet oder eingefroren zu einem späteren Zeitpunkt mit anderen Früchten entsaftet werden.

Kohlrabisorten für den Frühjahrsanbau wie der blaue 'Azur-Star' oder der grüne 'Lanro' sind am schmackhaftesten bei

Es grünt und blüht – der Frühling hat mit kräftigen Farben im Beet Einzug gehalten.

einer Größe von ca. 10 cm. Danach, vor allem bei trockenem Sommerwetter, können sie schnell holzig werden. Das gilt nicht für die Sorte 'Superschmelz'. Sie entwickelt sehr große Knollen, die über viele Wochen geerntet werden können, saftig bleiben und sich auch im Keller bis zum Frühjahr halten können.

Bei uns in der Familie ist der klassische Muttertagskuchen eine **Rhabarber**torte. Die Pflanzen stehen im Beerengarten und sind wie alle Sträucher mit einer Mulchdecke gut versorgt. Die Pflanze ist sehr pflegeleicht, braucht aber je nach Sorte etwas Platz. Die grünstieligen Sorten ergeben mit der Zeit große, ausladende Büsche mit einem Platzbedarf von

Erntezeit im Gemüsebeet!

über 1 m. Dazu sind sie sehr frohwüchsig und säurehaltig. Der sogenannte Erdbeerrhabarber hat rote durchgefärbte Stängel mit leichtem Beerenaroma, wird aber nicht so groß. Die bekannteste Sorte ist 'Holsteiner Blut'. Rhabarber gehört zur Familie der Knöterichgewächse und ist streng genommen ein Gemüse. Die Stangen wachsen aus einer Knolle. Ab Ende April, Anfang Mai werden diese direkt aus der Knolle gedreht, nicht abgeschnitten. Alle 2 bis 3 Wochen kann ein Drittel der Pflanze geerntet werden. Man nimmt immer die jungen Stangen, schneidet das Blatt ab und alles, was sich an Fäden mit dem Messer herunterziehen lässt. Rhabarber kann man roh in Stücke geteilt auch einfrieren und weiterverarbeiten. Traditionell wird die Ernte nach der Sommersonnenwende spätestens ab dem 24. Juni (Johannistag) eingestellt. Ein Grund ist der Anstieg der Oxalsäure, der Geschmack ist dann nicht mehr so gut.

Spinat ist ein einfach anzubauendes, leichtes Frühlingsgemüse und toll mit jungen Brennnesseltrieben und Gierschblättern zu kombinieren. Spinat wächst relativ schnell bei gut erwärmten Böden oder mit einem Wachstumsflies abgedeckt. Entwickeln sich die Pflanzen gut, können einzelne Blätter ab ca. 5 cm geerntet werden, später wird die ganze Pflanze ca. 3 cm über dem Boden abgeschnitten. Die Wurzel kann als Mulch liegenbleiben. Spinat am besten ernten und gleich verbrauchen. Zum Einfrieren, Blätter kurz in heißem Wasser blanchieren, in Eiswasser abschrecken und dann in Tüten abfüllen. Bitte bedenken Sie, eine Erntemenge von einem Wäschekorb voll ergibt vielleicht zwei, drei Mahlzeiten (für mehrere Personen). Die Blätter fallen beim Kochen regelrecht zusammen, was mich immer wieder staunen lässt.

Die knackig-zarten **Zuckererbsen** in der Schote direkt aus dem Garten sind eine Delikatesse, sowohl roh in gemischten Salaten als auch gedünstet zu verschiedenen Gemüsegerichten. In meinem Gemüsegarten baue ich außer grünen Sorten auch eine gelbschotige (Sweet Golden) mit violetten Blüten an. Zuckererbsen werden am besten sehr jung geerntet, wenn die Schoten noch ganz platt sind und sich die Kerne kaum andeuten. Frisch schmecken sie süß und knackig. Einfrieren kann ich nicht empfehlen, da sie enorm an Geschmack einbüßen.

Charlottes Tipp:

Wenn ich wenig Zeit zum Kochen habe, mache oft einfach nur Nudeln mit frischem Kräuterpesto. Vom Frühjahr bis in den Winter hinein kann man dazu in den Garten gehen und schauen, was in und um die Beete herum wächst (Bärlauch, Vogelmiere, Schnittlauch, Ringelblumenblüten, Meldespitzen, Kapuzinerkresse etc.). Die Kräuter feinhacken, mit pürierten Kernen oder Saaten und Salz nach Geschmack mixen und Öl zugeben, bis das Pesto eine schön cremige Konsistenz hat. Das ist ein ideales Essen mit kleinen Kindern. Geht schnell und lässt sich mit einem bunten Salat zu einer vollwertigen Mahlzeit ergänzen. Falls Reste übrigbleiben ist es auch ein leckerer Brotaufstrich.

Rezeptideen aus Garten & Natur

FRÜHLINGSSALAT QUER DURCH DEN GARTEN

WIR BENÖTIGEN DAZU:

Beim Jäten anfallende Beikräuter wie Vogelmiere, Gartenschaumkraut oder Löwenzahn.

Kleine Keimlinge, die beim Vereinzeln herausgezogen werden, zum Beispiel von Karotten, Rote Bete, Radieschen, Spinat, Mangold oder Melde, Wildkräuter wie Knoblauchsrauke, junger Bärenklau, Wiesenlabkraut oder Gierschblätter.

Ein paar Blüten fürs Auge, Gänseblümchen, Kohlblüten oder ausgezupfte Blütenkelche von gefleckten Taubnesseln. Ein kleiner grüner Salat als Basis oder Schnittsalat und Pflücksalatblätter

SO WIRD'S GEMACHT:

→ Salat waschen und eventuell etwas zerkleinern.

→ Keimlinge, Beikräuter und Wildkräuter waschen, die Blätter dabei ganz lassen.

→ Locker in eine Schüssel füllen.

→ Eine Marinade herstellen aus gleichen Teilen weißer Balsamico, Sonnenblumenöl, doppelt so viel Apfelsaft, etwas Pfeffer und Honig.

→ Alles gut durchmischen.

Tipp: In dieser Zeit lohnt es sich, mit einem Sieb jäten zu gehen. Die Würzelchen sofort entfernen und die gesammelten Pflänzchen am besten gleich verarbeiten.

BRENNNESSELCREMESUPPE

WIR BENÖTIGEN DAZU:

1 kleine Zwiebel
Etwas Butter
1 große Handvoll frische Brennnesseltriebe
1 gekochte, kleingeschnittene große Kartoffel
1 kleines Stück Brotkanten
Weißwein, Salz und Muskat
Etwas frische Sahne

SO WIRD'S GEMACHT:

→ Zwiebel fein hacken in etwas Butter bei wenig Hitze andünsten, 1,5 Liter kaltes Wasser dazugeben (Topf sollte nach Flüssigkeitszugabe nur etwa halbvoll sein, um Überkochen zu vermeiden).

→ Große Handvoll junger Brennnesseltriebe etwas klein hacken, Kartoffel und Brotkanten dazugeben, leise köcheln lassen.

→ Sobald das Brot weich ist, die Suppe pürieren.

→ Mit einem Schuss Weißwein, Salz und wenig Muskat würzen.

→ Zum Anrichten noch etwas frische Sahne in einem Schneckenmuster einfließen lassen.

Tipp: Frische Brennnesseln mit Handschuhen ernten. Die jungen Kopftriebe abzupfen und mit der anderen Hand die Brennnesselhaare am Trieb abstreifen.

GRÜNES RHABARBER-MOUSSE

WIR BENÖTIGEN DAZU:

250 g grüne Rhabarberstängel
2 Esslöffel Honig
100 ml Apfelsaft
2 Blatt Gelatine
200 g Schmand
Ein paar Erdbeeren
Waldmeisterblütenstängel

SO WIRD'S GEMACHT:

→ Grüne Rhabarberstängel schälen, in kleine Stücke schneiden, mit 2 Esslöffel Honig und Apfelsaft aufkochen.

→ Gelatine nach Anweisung einweichen, ausdrücken, Topf vom Herd nehmen und in der heißen Masse unterrühren auflösen, abkühlen lassen.

→ Schmand in die erkaltete Masse einrühren und in schöne Schalen verteilen.

→ Mit je einer in Scheiben geschnittenen Erdbeere und einem Waldmeisterblütenstängel dekorieren.

Frühlingssalat quer durch den Garten.

WAS DIE OMA SCHON WUSSTE
Wertvolles Wissen wiederentdeckt

Tipps bei Spätfrösten im Mai

Schon immer waren sie gefürchtet, Frostnächte Mitte, Ende Mai. Es war bei älteren Gärtnern eine ungeschriebene Regel, nicht vor Ablauf der Eisheiligen (15. Mai) empfindliche Kulturen zu setzen. Konnte doch eine einzige Frostnacht frühe Austriebe und zartes Pflanzenwachstum zunichtemachen. In der letzten Zeit hat sich diese Regel etwas aufgeweicht, in einigen Jahren gab es keine solchen Kälteeinbrüche mehr, sprich die Eisheiligen sind einfach ausgefallen. Dies mag zu einem gewissen Leichtsinn beim Gärtner führen. Vor allem da zusätzlich noch, begünstigt durch den Klimawandel, das Frühjahr deutlich früher einsetzt als gewohnt. Im Zuge dieser Veränderungen musste ich feststellen, dass eintretende Kälteeinbrüche deutlich heftiger ausfallen als gewöhnlich. Lassen Sie sich also nicht zu früh von vermeintlich milden Temperaturen verleiten.

Wenn das erste Grün im Beet sprießt, gilt es, die Abendtemperatur im Auge halten. Als Anhaltspunkt für die Frostbeurteilung gilt die Messung gegen 17 Uhr. Die tiefste Nachttemperatur liegt ca. 4 °C unter dem Wert, den man um diese Zeit gemessen hat. Lag da der Wert bei 3 °C oder tiefer, müssen Sie mit Frost rechnen. Natürlich sollte man auch den Himmel beobachten. Klart dieser bei Dämmerung auf und fangen womöglich noch die Sterne an zu funkeln, ist es höchste Zeit, Schutzmaßnahmen zu ergreifen. Bis Ende Mai, in höheren Berglagen oder Bach- und Flussmulden auch bis Anfang Juni, sollten sie geeignete Abdeckmaterialien bereit liegen haben. Einfache Einmachgläser eignen sich für Salat oder Gemüsesetzlinge. Über größere Pflanzen, wie Dahlienstöcke oder Kartoffelaustriebe, stülpt man Eimer oder große Eisdosen. Wichtig ist es, die Pflanzen tagsüber wieder aufzudecken.

In kleineren Gewächshäusern kann man versuchen, mit Kerzen zu heizen – zum Beispiel in offenen Einmachgläsern oder Grablichtern auf dem Boden. Werden je nach Größe mehrere Kerzen aufgestellt, sinkt die Wärme der Luft nicht in den Frostbereich.

Pflanzenjauche: ein universeller Flüssigdünger

Für die Jaucheproduktion nehmen Sie große Plastikeimer oder Kunststofftonnen (gibt es gratis in Großküchen oder Hotels, auch mit Deckel). Blech oder Metall sind ungeeignet, da sie von der Pflanzenjauche angegriffen werden und Bestandteile in die Flüssigkeit wandern. Die Eimer stellen Sie am besten in der Nähe des Kompostes auf und füllen sie locker mit Pflanzenmaterial, bis sie ca. zu drei Viertel befüllt sind. Dann gießen Sie mit Regenwasser oder kaltem Wasser auf, decken mit einem dichtmaschigen Netz oder einer alten Gardine ab und binden diese zu, sodass keine Insekten oder sonstigen Tiere hineingeraten. Anschließend setzen Sie den Deckel auf, legen aber einen Stock dazwischen, damit die Luft zirkulieren kann. Dann rühren Sie immer mal wieder um und drücken die Pflanzenteile ins Wasser.

Während des Gärungsprozesses kann die Masse etwas schäumen und riecht auch bei Bewegung. Bei warmem Wetter ist die Jauche in etwa 2 Wochen gebrauchsfertig. Die Pflanzenteile sind bis auf ein paar schleimige Fasern vergangen und die Jauche schäumt nicht mehr beim Umrühren. Zum Ansetzen der Jauchen können Sie auch das Kochwasser von Eiern und das erdige Wasser vom Gemüsewaschen verwenden.

Zum Ausbringen nehme ich eine 10-Liter-Gießkanne und fülle sie fast mit Wasser voll. Am Jaucheeimer hängen ein Litergefäß und ein Sieb, um die Schwebstoffe abzufangen, die oftmals die Düsen verstopfen. Faustregel: etwa 1 Liter Jauche auf etwa 9 Liter Wasser. Gedüngt wird einmal in der Woche: Balkonblumen und alle Starkzehrer wie Tomaten, Paprika, Auberginen, Andenbeeren, Kohlpflanzen, Zucchini, Gurken und Sellerie. Gießen Sie immer an den Wurzelbereich, nicht über das Blatt. Perfekt ist es nach einem Regenguss oder generell bei feuchter Witterung, bei heißem Sommerwetter gießen Sie am besten erst in den Abendstunden.

Von Frost überzogen: blühendes Lungenkraut Anfang Mai.

GUT ZU WISSEN

Jauche kann auch überwintern, selbst Gefrieren macht ihr nichts. Sie hat natürlich nicht mehr so viel Kraft wie eine frisch angesetzte, ist aber durchaus noch verwendbar. Zur Bodenverbesserung im Frühjahr kann sie unverdünnt über Beete und Kompost gegossen werden.

JULI & AUGUST

Aus dem Vollen schöpfen

WAS IST ZU TUN IM JULI & AUGUST?

- Nützlinge fördern für ein natürliches Gleichgewicht und vorbeugenden Pflanzenschutz im Garten.
- Noch bis in den August Herbstgemüse aussäen.
- Saatgut aus dem eigenen Garten gewinnen.
- Vorgezogene Herbst- und Wintersalate noch bis Anfang/Mitte August pflanzen.
- Gemüse und Beeren vor und nach der Ernte pflegen.

GARTENPRAXIS

Nützlichen Helfern helfen

Hochsaison im Garten und Gemüsebeet, Frucht- und Blattgemüse, das erste Obst, Beeren und Kräuter können am laufenden Band geerntet werden. Leider ist der Gärtner oft nicht der einzige, der Interesse an den schmackhaften Gartenfrüchten hat. Schnecken, Läuse, Raupen und allerhand andere Mitesser können uns die Ernte streitig machen. Kleinere Ernteausfälle und angefressene Gemüsepflanzen gehören zum Gärtnern dazu. Schlimm wird es, wenn regelrechte Massenvermehrungen stattfinden und etwa die Schwarze Bohnenblattlaus die ganze Bohnenernte gefährdet.

Der Einsatz von (vermeintlich) spezifischem Insektengift ist hier allerdings nur auf den ersten Blick die einzige Lösung. Schädlinge oder auch Krankheiten, die sich explosiv vermehren und ausbreiten sind eigentlich immer ein Zeichen dafür, dass das natürliche Gleichgewicht im Garten gestört ist. Auch Pflanzen können Stress haben: etwa wegen längerer Trockenperioden oder sehr nasser, sonnenarmer Wachstumsphasen. Nährstoffmangel, Staunässe an den Wurzeln und viele andere Faktoren können Pflanzen in ihrer Widerstandsfähigkeit schwächen. Um die angebauten Kulturpflanzen möglichst widerstandsfähig gegenüber Fraßschädlingen, Pilzen und Krankheiten aller Art zu machen, ist eine gesunde, vielfältige Mischkultur und die Versorgung mit ausreichend Nährstoffen, beispielsweise durch Kompost und Pflanzenjauchen, das A und O.

Ein Garten im Gleichgewicht umfasst aber nicht nur die Pflanzen, sondern auch unsere tierischen Gartenbewohner und -besucher. Denn so viele Schädlinge es in unseren Gärten gibt, so viele natürliche Gegenspieler gibt es auch. Für die ungebetenen Gäste ist der Tisch zumeist reich gedeckt: Knackige Gemüsepflanzen, zarte Salatblätter und leckere Beeren laden zur Eiablage oder zum Festschmaus ein. Wer aber dafür sorgt, dass auch nützliche Arten sich in seinem Garten wohlfühlen, der kann sich von Marienkäfern, Ohrwürmern, Eidechsen, Vögeln und vielen anderen helfen lassen, Schädlinge von vornherein in Schach zu halten. Das oberste Gebot für ein ausgeglichenes Verhältnis von Nützlingen und Schädlingen ist die Vielfalt. Ein Garten, der in Mischkultur bewirtschaftet wird, befindet sich (fast) immer im Gleichgewicht.

Nützliche Arten tragen zusätzlich auch noch auf anderer Ebene zu einer reichen Ernte bei: Blütenbesuchende Insekten wie Bienen, Hummeln, Schmetterlinge und andere erweisen uns durch die Bestäubung im Garten einen nicht mit Geld aufzuwiegenden Dienst. Regenwürmer und zahlreiche Kleinstlebewesen im Boden sorgen mit der Zersetzung von organischem Material für die Bildung von lockerem, nährstoffreichem Humus.

Feuerwanze auf Eibisch: Sie kommen in Mengen vor, sehen bedrohlich aus, schaden aber den Pflanzen nicht wirklich.

Rechts: Juli & August: Amaranth, Zwiebeln, Karotten, Buschbohnen, Knoblauch, und Fenchel warten im Hochsommer auf die Ernte!

Wenn Sie nützlichen Arten ausreichend Nahrung, Nist- und Unterschlupfmöglichkeiten in ihrem Garten bieten, dann bleiben diese auch gerne. Seien es „ungepflegte“ Ecken mit Wildblumen oder Brennnesseln, ein Insektenhotel oder kleine Stein- und Kiesbereiche im Garten, ein Laubhaufen neben der Hecke oder Nistkästen für Vögel und Fledermäuse: Wo Igel, Eidechse, Ohrwürmer, Marienkäfer und Co. sich wohlfühlen und Nahrung finden, da helfen sie auch, Schädlinge im Zaum zu halten. Auch raten wir ab, Bierfallen aufzustellen. Diese locken Schnecken auch von weit her an. Wichtig ist außerdem, auf den Einsatz jedweder Pestizide zu verzichten. Kein Gift ist so spezifisch, dass es nur den unerwünschten Schädling trifft, immer kommen auch eigentlich nutzbringende Arten zu Schaden.

Wohnraum schaffen: Viele Wildbienen und andere Insekten nehmen ein Insektenhotel gerne an.

Wehret den Anfängen:

- Lassen Sie auch mal Gemüse wie Brokkoli, Lauch oder Salate blühen, das lockt Bienen an.
- Blühende Gartenkräuter wie Schnittlauch, Borretsch oder Fenchel sehen nicht nur hübsch aus, sondern dienen als Nektarpflanzen für viele Insekten.
- Nehmen Sie einjährige Blumen in ihren Mischkulturplan auf, vor allem Tagetes, Tangerinen und Ringelblumen, sie fördern das Bodenleben, „entseuchen“ den Boden und schrecken mit ihrem Geruch zahlreiche Schädlinge ab.
- Regelmäßiges Hacken stört Ameisennester. Im Frühjahr während der Nestbauphase können Ameisenkolonien einfach umgesiedelt werden (siehe Seite 111).
- Kohlpflanzen mit ausgebrochenen Tomatentrieben oder Wermutästen zu mulchen, schützt vor dem Kohlweißling. Raupen an den Pflanzen sorgfältig ablesen.
- Orangenschalen am Beetrand auslegen, daran sammeln sich am Tag Nacktschnecken, die können dann leicht abgesammelt werden (siehe Seite 52).
- Achten sie im Herbst beim Umgraben oder Gartenabräumen auf Schneckeneier. Die der Roten Wegschnecke liegen oft unter Brettern oder Steinen. Sie sind weiß, klein, rund und es liegen immer einige beisammen. Diese sollten Sie absammeln und über den Hausmüll entsorgen.
- Lilienhähnchen sind schöne rote Käfer, ihre gefräßigen Larven dagegen fressen gerne an Lilien und anderen Lauchgewächsen und können so schnell ganze Pflanzen ruinieren. Auch diese sollten Sie konsequent absammeln.
- Sind Läuse im Anmarsch, erst ein paar Tage warten, meist stellen sich dann wie von selbst Marienkäfer ein, wenn nicht, können Pflanzenteespritzungen helfen.
- Bei Erdflöhen kann das Auslegen von Wurmfarn helfen. Die Blätter müssen aber jeden zweiten Tag ersetzt werden. In trockenen heißen Frühsommern fressen sie gerne Radieschen, Rettiche oder Rucola an. Rucola gedeiht prächtig neben Tomaten, das intensiv riechende Kraut mögen Erdflöhe gar nicht.

Tierische Entenpolizei: Laufenten auf Schneckenpatrouille.

Weinbergschneckenzucht im eigenen Garten

Als junge Frau versuchte ich, mein "Schneckenprobleme", verursacht durch Spanische Wegschnecken, die wirklich alles mögliche abfressen, mit Schneckenkorn zu lösen – ohne Erfolg. Bis mir eine Besucherin erklärte, sie hätte ihr Schneckenproblem mit Weinbergschnecken gelöst. Ich beschloss, es auch mit einer „Zucht“ zu versuchen. Die dichte Randbepflanzung bot den Tieren einen perfekten Rückzugsort. Durch das Liegenlassen der abgestorbenen Blätter und Ernterückstände hatten sie auch immer einen reichlich gedeckten Tisch. Sie fühlten sich wohl. Die Tiere vermehrten sich, aber nicht explosiv. Im gleichen Maße wie die Menge der Weinbergschnecken zunahm, nahm die Population der Spanischen Wegschnecken ab. Heute ist gefühlt immer die gleiche Menge an Weinbergschnecken in meinem Garten zu Hause. Und die beste Nachricht zuletzt: Sie fressen in meinem Garten weder Salat noch Kohlsetzlinge. Die unter Naturschutz stehende heimische Schneckenart frisst Eigelege anderer Schneckenarten und das merken Sie im Gemüsebeet schon nach einem Jahr.

Weinbergschnecken fressen die Eigelege anderer Schneckenarten wie der Spanischen Wegschnecke.

Laufenten: die tierischen Gartenhelfer

Sie laufen ihr Revier ausgiebig ab auf der Suche nach Schnecken, Regenwürmern und vielerlei anderem Kleingetier. Die Indischen Laufenten sind immer sehr flott unterwegs, nur fliegen können sie nicht – abgesehen von einer Art Flugsprung, die sie bei Panik machen. Ich halte diese Entenart seit fast 30 Jahren, erfreue mich an ihrem unermüdlichen Fleiß und der lustigen Laufweise der Tiere. Natürlich ist diese Möglichkeit der Schneckenpolizei nicht für jeden Garten geeignet. Es sind einige Voraussetzungen zu bedenken und auch Kompromissbereitschaft notwendig.

GUT ZU WISSEN

Bei Insektenstichen, gleich welcher Art, hilft dem Gärtner ein Blatt Spitzwegerich: mithilfe der Fingernägel zu einem möglichst feinen Brei verreiben und auf die betroffene Stelle geben, fest darauf drücken. Schmerz und Schwellung werden schnell zurückgehen.

DIE EIGENE KINDERSTUBE
Alles über Samen, Säen & Anzucht

Hochsommerimpression aus Walburgas Garten.

Letzte Voranzuchten im Hochsommer

Die meisten Kulturen, die jetzt im Hochsommer noch in den Boden kommen, werden direkt gesät oder besetzen als Setzlinge abgeerntete Reihen. Wenige können jetzt noch vorgezogen werden. Mit den kürzer werdenden Tagen wachsen die Pflanzen langsamer. Daher ist vor allem, wenn es dem Herbst zu geht, Eile geboten. **Wintersalate** am besten Anfang August säen, nach ca. 4 Wochen können sie pikiert werden und kommen so Anfang Oktober ins Beet. Wichtig ist, wie bei allen Salaten darauf zu achten, dass die Keimtemperatur nicht zu hoch ist (gegebenenfalls lieber Anzucht im kühleren Schatten). Wintersalat ist eine alte Sorte, die früher sehr bekannt war und auch auf Märkten angeboten wurde. Der Salat entwickelt keine so großen Köpfe, dafür sind diese sehr robust und knackig herzhaft im Geschmack. Er bleibt den ganzen Winter über auf dem Beet.

'Kinzigtäler Kehlkraut' ist eine lokale Blattkohlsorte aus dem mittleren Schwarzwald.

Feldsalat lässt sich gut ab Juli in kleine Töpfe säen. Je nach Größe der Töpfe werden die Samen mit 1 cm Abstand und wenig Erde darüber aufgestellt und anschließend gleichmäßig feucht gehalten. Sie werden so zuverlässiger keimen als im hochsommerlichen Gemüsebeet. Ab September werden die gut durchwurzelten Topfballen in den Garten gesetzt.

CHECKLISTE

Was kann im Juli & August vorgezogen werden?

- Korbblütler – Wintersalate (spezielle Kopfsalatsorten, die im August für die Ernte im Frühjahr gesät werden)
- Baldriangewächse – Feldsalat

Saatgut aus dem eigenen Garten

Eigenes Gemüse selbst anzuziehen, anzubauen, zu ernten und zu verarbeiten verlangt Wissen und macht Arbeit. Die nächstmögliche Steigerung ist, das Gemüse im Garten auch aus selbst gewonnenen Samen zu erhalten. Zugegeben, der Samenanbau ist noch mal eine spezielle Herausforderung – besonders wenn er mit dem Ziel betrieben wird, fast ausschließlich die eigenen Samen für Anzucht und Aussaat zu verwenden.

Wer aber erst mal mit dem Anbau von Pflanzen auch für die Samenernte begonnen hat, kommt in der Regel nie mehr ganz davon los. Es ist eine Sucht, die Positives bewirkt. Die eigene Nachzucht eröffnet nicht nur die Möglichkeit, Pflanzen in allen Stadien von der Saat bis zur Blüte und Bildung neuer Samenstände zu verfolgen, sondern auch ein weites Experimentier- und Ausprobierfeld. Im Laufe der Jahre habe ich die Erfahrung gemacht, dass zum Beispiel Salat eben nicht gleich Salat ist. Es gibt so viele verschiedene Arten und Sorten, die mit unterschiedlichen Höhenlagen und Klimagegebenheiten auch unterschiedlich zurechtkommen. Ich habe jahrelang immer zwei bis drei samenfeste Sorten zur Sichtung in den Anbau genommen, um zu sehen, wie sie sich bei meinen Gegebenheiten entwickeln und vor allem wie sie schmecken. Was für gut befunden wurde, habe ich in meinen Anbauplan mitaufgenommen.

Wie erkenne ich samenfeste Sorten?

Sorten, die über Jahre immer wieder angebaut und auf bestimmte Eigenschaften ausgelesen werden, geben diese Eigenschaften auch an ihre Nachkommen weiter. Die aus den Samen dieser Sorten erwachsenden Nachkommen sind ihren Eltern fast gleich. Aufgrund dieser im Nachbau stabilen Eigenschaften bezeichnet man sie als „samenfeste" oder „offen abblühende" Sorten. Insbesondere bei bio-zertifiziertem Saatgut sind samenfeste Sorten oft auf der Tüte als solche ausgewiesen. Ein Hinweis kann aber auch der Sortenname sein, wenn er Regionen oder Städte beinhaltet, die auf seine Herkunft verweisen, wie das Kinzigtäler Kehlkraut, eine lokale Blattkohlform aus dem mittleren Schwarzwald.

GUT ZU WISSEN

Vorsicht, Feuerbohnen *(Phaseolus coccineus)* können sich mit allen Sorten von Stangen- und Buschbohnen *(Phaseolus vulgaris)* verkreuzen, obwohl es sich unterschiedliche Arten handelt.

Was ist Hybridsaatgut?

Um Hybridsaatgut zu gewinnen, werden zwei reinerbige Elternpflanzen (die aus sogenannten „Inzuchtlinien" über die mehrfache Kreuzung einer Pflanze mit sich selbst entstehen) miteinander gekreuzt. Diese Nachkommenschaft – F1 Hybride genannt – kann dann einmal rein ausgesät werden. Werden diese Pflanzen weitervermehrt, entsteht die F2-Generation, diese Nachkommen spalten sich in verschiedenen Variationen der Kreuzungspartner auf. Sie unterscheiden sich also von ihren Elternpflanzen. In der Regel werden F1-Hybriden auf bestimmte Resistenzen oder besonders große Erträge hin gezüchtet. Weil sie aber nicht stabil weitervermehrt können, muss der Gärtner jedes Jahr neues Saatgut kaufen.

Wie kann ich vermehren?

- Bei der vegetativen Vermehrung werden Pflanzenteile wie Stecklinge, Rhizome, Ausläufer, Wurzelteile, Zwiebeln oder Knollen von der Mutterpflanze abgenommen. Aus diesen treiben mit der Mutterpflanze völlig identische Jungpflanzen aus. Dies ist eine gängige Praxis bei zum Beispiel Kartoffeln, Knoblauch, Erdbeeren, Geranien, Stauden und vielen Kräutern.
- Bei der generativen Vermehrung ist das Samenkorn das Resultat der Verschmelzung von weiblichem und männlichem Erbgut. Die neue Pflanze entspricht zwar ihren Eltern im Erscheinungsbild, ist aber nicht völlig mit diesen identisch. Während der Blütezeit kann es zu Verkreuzungen kommen.

Samenernte am konkreten Beispiel

Ich möchte Ihnen zeigen, wie Sie einfach und sicher das Saatgut Ihrer persönlichen Lieblingssorte gewinnen können. Voraussetzung hierbei ist samenfestes Saatgut. Bei den genannten Gemüsearten handelt es sich um sogenannte Selbstbefruchter, das heißt, hier wird die Narbe mit dem blüteneigenen Pollen innerhalb der meist noch geschlossenen Blüte bestäubt. Es finden so gut wie keine Verkreuzungen statt, im Gegensatz zu sogenannten Fremdbefruchtern, bei denen die Bestäubung vor allem über den Wind oder Bienen und andere blütenbesuchende Insekten stattfindet. Von der Aussaat bis zur Samenentnahme vergehen nicht mehr als 6 Monate. Die Samenernte lässt sich also innerhalb einer Gartensaison abschließen.

Tomaten: Zur Samengewinnung sollten mehr als ein, zwei Pflanzen zur Verfügung stehen. Um eine gute Auswahlmöglichkeit zu haben, sind sechs bis zehn Pflanzen einer Sorte erforderlich. Ich schaue mir meine Tomatenpflanzen genau an, vom Setzling bis zur fruchtenden Pflanze. Die kräftigsten und zügig wachsenden markiere ich. Zudem sehe ich mir die Früchte an: Welche Form möchte ich gerne weiter vermehren (bei alten Sorten sind diese oft nicht einheitlich)? Als drittes Kriterium achte ich darauf, ob die Pflanze gesund ist oder

GUT ZU WISSEN

Braun- und Krautfäule ist eine Erkrankung, die durch einen Pilz namens *Phytophtheora infestans* hervorgerufen wird. Der Pilz verbreitet sich über Sporen mithilfe von Wind und Regen. Bei Befall zeigt die Pflanze anfänglich braune Stellen an Blatt und Stängel, absterbende Triebe sowie harte, ungenießbare Früchte und stirbt schlussendlich komplett ab. In regenreichen Sommern ist die Gefahr besonders groß.

Die Salatsamen haben Schirmchen wie Löwenzahn. Wenn diese vollständig geöffnet sind und sich leicht aus den Kapseln lösen, können sie gezupft werden.

etwa Anzeichen von Kraut- und Braunfäule hat. Ich nehme eine der ersten ausgereiften Früchte der markierten Pflanzen. Ausgereift heißt, die Tomate hat ihre sortenbedingte Farbe erreicht. Ich schneide die Frucht in der Mitte durch und kratze mit einem Messer die Samen in der gallertartigen Flüssigkeit heraus und streiche diese so auf ein Blatt Küchenrolle, dass die Samen in gewissem Abstand zueinander an dem Papier haften bleiben. Mit einem Kugelschreiber wird die Sorte, eventuell die Größe der Frucht oder Besonderheiten und das Datum vermerkt. In der Küche trocknet das Blatt ca. 1 bis 2 Wochen. Zusammengefaltet in einem Briefumschlag lagern die Samen bis im Februar.

Blatt- und Pflücksalate: Hier ist eine frühe Aussaat wichtig, damit sie zuverlässig im Sommer zur Samenreife gelangen. Früh heißt, je nach Höhenlage und Klima, bereits im März auszusäen. Am besten gleich ins Freiland, denn sie kommen mit einem nochmaligen Wintereinbruch oder mit Frost gut zurecht. Im Gewächshaus Vorgezogene dagegen sind empfindlicher und vor allem bei Schnecken sehr beliebt. Ich sähe meist ein ganzes Beet an, gemischt mit Radieschen. So können laufend zu dicht gesäte für die Küche geerntet werden. Am Schluss bleiben die kräftigsten stehen und bekommen einen Markierstab, an dem sie dann auch aufgebunden werden sollten. Blühender Salat ist sehr raumgreifend und kann etwa 140 cm hoch werden. Er braucht in alle Richtungen doppelt so viel Platz, wie die Pflanze breit ist. Die Samen reifen sehr unregelmäßig und sind so ca. 2 bis 4 Wochen nach der Blüte erntereif. Die Samenernte sollte man grundsätzlich nur an trockenen Tagen durchführen. Für den Hausgarten bietet sich die sogenannte „Zupfernte" an: Die Ernte beginnt, sobald die Schirmchen vollständig geöffnet sind und sich leicht aus den Kapseln heben lassen. Die besten Samenträger sind die Blüten am Haupttrieb. Es können aber durch ständiges Nachreifen zwei bis drei Zupfdurchgänge gemacht werden. Oft fallen auch Samen auf den Boden und gehen von alleine auf. Diese Jungpflanzen werden je nach Sorte und Bedarf versetzt oder einfach bis zum Wintereinbruch weiter geerntet.

Weitere ein- und mehrjährige Gemüsearten: Es macht Spaß, Samen von eigenen Gemüsepflanzen zu ernten. Möchten sie sich intensiver mit diesem Thema beschäftigen, so seien Ihnen die Literaturhinweise am Ende des Buches empfohlen. Die meisten Gemüsearten können nur unter Berücksichtigung von Isolierabständen, Überwinterungsmaßnahmen und Wissen zu Befruchtungseigenschaften, Sortenreinheit und Unbedenklichkeit für die eigene Gesundheit weitervermehrt werden.

AB IN DEN BODEN!
Das Gartenjahr im Bauerngarten

Sommer im Garten, laufend kann Gemüse geerntet werden für die täglichen Mahlzeiten oder die Vorratshaltung. Die letzten Kopfsalate sind geerntet, im Beet stehen noch Batavia und Eissalate, die mit der sommerlichen Hitze gut zurechtkommen und nicht so schnell in Blütenbildung übergehen. Höchste Zeit, um für Nachschub zu sorgen.

Das wird in der zweiten Jahreshälfte gesetzt

Die Anfang Juni ausgesäten und später pikierten **Endivien-**, **Chinakohl-**, **Zuckerhut**- oder **Radicchio-Sorten**, können ab Anfang, Mitte Juli in freie Beete gesetzt werden. Je höher Ihr Gartengrundstück liegt, desto früher sollten Sie auspflanzen, damit die Köpfe sich noch gut entwickeln. Spätester Pflanztermin ist Anfang, Mitte August. Diese Herbst- und Wintersalate sind ideale Nachfolgekulturen für Starkzehrer-Reihen, in denen Kohlrabi, Blumenkohl, Brokkoli oder auch Steckzwiebeln standen. Diese Reihen lockert man mit dem Krail auf, reichert sie mit frischem Kompost an und pflanzt die gut durchwurzelten Setzlinge in die vorbereiteten Reihen ein. Die angewachsenen Salate sind auch dankbar für regelmäßige Düngegaben mit Brennnesseljauche.

Ab Juli können die Zuckerhutsetzlinge in frei werdende Beetbereiche gepflanzt werden.

Im August ist dann die ideale Zeit, um ein neues Erdbeerbeet anzulegen. **Erdbeeren** lassen sich gut in den Mischkulturplan einbauen und sind die ideale Nachkultur für die stickstoffsammelnden Erbsen oder Buschbohnen. Das Beet wird gut gelockert und mit Kompost angereichert. In der Reihe wird ein Pflanzabstand von 25 cm eingehalten. In jedes Pflanzloch gebe ich eine kleine Handvoll Hornmehl. Wichtig ist, die getopften Setzlinge oder die eigenen abgestochenen Ableger nicht zu tief zu setzen, das „Herz" sollte etwas erhöht herausschauen. Dann gut andrücken und vorsichtig angießen. Bewährt hat sich der Anbau auf schweren Böden (wie bei mir) auf einem kleinen Wall. Im ersten Winter werden die Pflänzchen mit Laub oder Strohmulch geschützt und bei strengem Frost und Schnee zusätzlich mit Reisigästen abgedeckt.
3 Jahre kann geerntet werden, danach sollten wieder junge Pflanzen gesetzt werden.

Das wird in der zweiten Jahreshälfte gesät

Damit die restlichen frei gewordenen Flächen nicht offen liegen bleiben, werden auch diese wieder eingesät, entweder mit schnell wachsender **Gründüngung** oder mit schmackhaftem

GUT ZU WISSEN

Pflanzen Sie verschiedene Sorten, neue Züchtungen und auch alte Liebhabersorten, so ist für eine gute Bestäubung und damit auch eine reiche Ernte gesorgt. Nicht jede Erdbeersorte bestäubt gleich gut, bei Abwechslung ist der Ernteerfolg garantiert.

Wintergemüse. Die größte Fläche stellt hier in meinem Garten das Kartoffelfeld dar. Späte und alte Sorten haben bis Mitte September das Beet freigegeben. Ich säe dann in Reihen *Phacelia* ein, eine schnell wachsende, humusbildende Bienenweide-Pflanze. Innerhalb von 4 bis 5 Wochen ist das Beet begrünt, sodass Unkraut unterdrückt wird. Je nach Anbauplan und Höhenlage können bis etwa Mitte September noch **Spinat**, **Schnittsalat**, **Radieschen**, **Winterportulak** und **Feldsalat** gesät werden.

Walburga bei der Bodenlockerung im Gemüsegarten zwischen den Kulturen.

Richtige Pflanzhöhe bei Erdbeeren und Ablegern: Darauf achten, dass das „Herz" der Pflänzchen etwas herausschaut und nicht mit Erde bedeckt ist.

Das ist in der zweiten Jahreshälfte noch zu tun

Die Tomatenernte ist in vollem Gange, bei guter Versorgung werden laufend neue Blüten und Fruchtansätze gebildet. Damit bis in den Herbst hinein die Früchte noch zuverlässig ausreifen können, wird im August die Triebspitze der **Tomatenpflanze** gekappt. In unseren Breitengraden bilden die Pflanzen je nach Höhenlage vier bis sechs Fruchttriebe aus. Alle Kraft steckt die Pflanze danach in die Ausreifung der Früchte. Damit genügend Luft zwischen den Pflanzen zirkulieren kann, werden zudem immer bis zur beernteten Rispe alle Blätter entfernt. Das beugt außerdem Kraut- und Braunfäule vor, da der zunehmende morgendliche Herbstdunst auch vor den Gewächshäusern nicht Halt macht. Gerade im Hausgartenbereich sind diese nicht immer optimal belüftet. **Wichtig:** Bei Wild- und Buschtomaten entfällt diese Maßnahme gänzlich.

Weiterhin werden alle **Starkzehrer** (Tomaten, Kohlgewächse, Gurken, Zucchini und Kürbisse) mit **Pflanzenjauchen** gedüngt.

Die abgeernteten Ruten der **Sommerhimbeeren** werden ebenerdig abgeschnitten. Alle schwachen, dünnen Neutriebe entfernt und die kräftigen aufgebunden. Pro Pflanze bleiben drei bis maximal fünf Triebe stehen. Dann düngt man reichlich mit reifem Kompost. Da Himbeeren eigentlich Waldbewohner sind, kann dieser auch mit Nadelholz-Häckselgut gemischt sein.

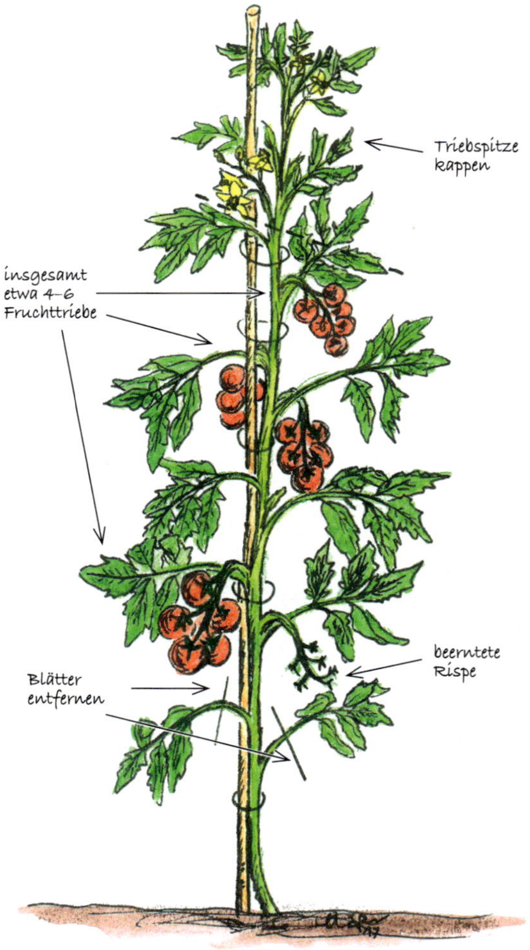

Im August wird die Triebspitze der Tomatenpflanze gekappt, damit die vorhandenen Früchte noch gut ausreifen können. Bis zur untersten beernteten Rispe werden außerdem zur besseren Luftzirkulation alle Blätter entfernt.

Walburgas Tipp:

Petersilie braucht hohe Keimtemperaturen, daher keimen die Samen im warmen Juli oft besser als im Frühjahr. Legen Sie die Samen in Reihen mit 10 bis 15 cm Abstand aus, schließen die Saatrillen, drücken gut an und gießen vorsichtig an.

Blühende Lauchkugeln der Sorte 'Blaugrüner Winter' neben Sonnenhut 'Goldsturm'.

EMPFEHLENSWERTE NACHKULTUREN FÜR JULI & AUGUST

Hauptkultur	Nachkultur			
	Aussaat	Wann?	Jungpflanzen	Wann?
Erbsen			Chinakohl	Juli/August
			Zuckerhut	
			Radicchio	
			Kohl (frühe Sorte)	
Kartoffeln	Winterrettich	Juli/August	Gemüsefenchel	August
	Herbstrüben		Erdbeeren	
Buschbohnen	Radieschen	August bis Oktober	Chinakohl	Juli/August
			Zuckerhut	
Kohlrabi Blumenkohl	Feldsalat	Juli/August	Radicchio	Juli/August
Spinat	Schnittsalat	Juli bis September	Endivie	Juli
Gurken	Winterportulak	September		

CHARLOTTES MISCHKULTURBEET *im Juli & August*

Ernte satt bei den Hauptkulturen

- Die Zucchiniernte ist in vollem Gange und auch die Tomaten reifen langsam immer zahlreicher aus. Im Juli, August noch zwei, dreimal mit Brennnesseljauche (oder einem anderen Dünger) düngen. Wer die Zucchinifrüchte bereits kleiner erntet (etwa 20 cm), fördert den weiteren Fruchtansatz und hat mehr Geschmack auf dem Teller. Dafür auch auf eine gute Wasserversorgung achten. Die Tomaten sollten regelmäßig aufgebunden und ausgegeizt werden. An das Köpfen und Entblättern denken.
- Der unkomplizierte Mangold liefert weiterhin frische Blätter und Stängel für Salat oder Pfanne.
- Die frühen Karotten, der Kohlrabi und die Zuckererbsen sind zumeist im Juli, spätestens im August abgeerntet und machen Platz für Nachkulturen.
- Für den Direktverbrauch können Zwiebeln schon mit grünem Laub geerntet werden. Zum Einlagern besser warten, bis das Laub welk und eingezogen und die Schale ihre volle, sortentypische Farbe erreicht hat. Nachtrocknen lassen am besten in der Sonne.
- Ringelblumenblüten und Kapuzinerkresse (Blätter und Blüten) können weiterhin für diverse Zwecke beerntet werden.

Einige Hauptkulturen haben das Beet Ende August meist schon geräumt. Wer will, kann den freigewordenen Platz für die Aussaat oder das Pflanzen von Nachkulturen nutzen. Auch hier muss auf Familienzugehörigkeiten und für den Herbst-/Winteranbau geeignete Sorten geachtet werden.

Mögliche Nachkulturen

- Nach dem Pflücksalat bietet sich eine Ansaat von Phacelia an. Über die Gründüngung und Bienenweide freuen sich Boden und Insekten.
- Damit weiterhin regelmäßig Salat zur Ernte bereitsteht, folgt dem Kohlrabi eine für den Herbst- und Winteranbau geeignete Pflücksalatsorte. Wie im Frühling können die Salatsamen einfach direkt in die Reihe gesät und schon kleine Pflänzchen zum Ausdünnen für die Küche geerntet werden.
- Ergänzt wird das Salatangebot durch das Pflanzen von vorgezogenen (oder anderweitig besorgten) Endivien-Setzlingen. Sie lösen die Zuckererbsen in der Reihe ab. Auch die Herbstsalate freuen sich über eine Düngung mit Brennnesseljauche.

Das Mischkulturbeet Ende August: Einige Hauptkulturen haben das Beet bereits geräumt (Zwiebeln, Karotten, Pflücksalat, Kohlrabi und Zuckererbsen), ihnen folgen als Nachkultur Herbstsalate bzw. Gründüngung. Bei den Tomaten und Zucchini ist Erntehochsaison und auch der Mangold liefert weiterhin Nachschub für die Küche.

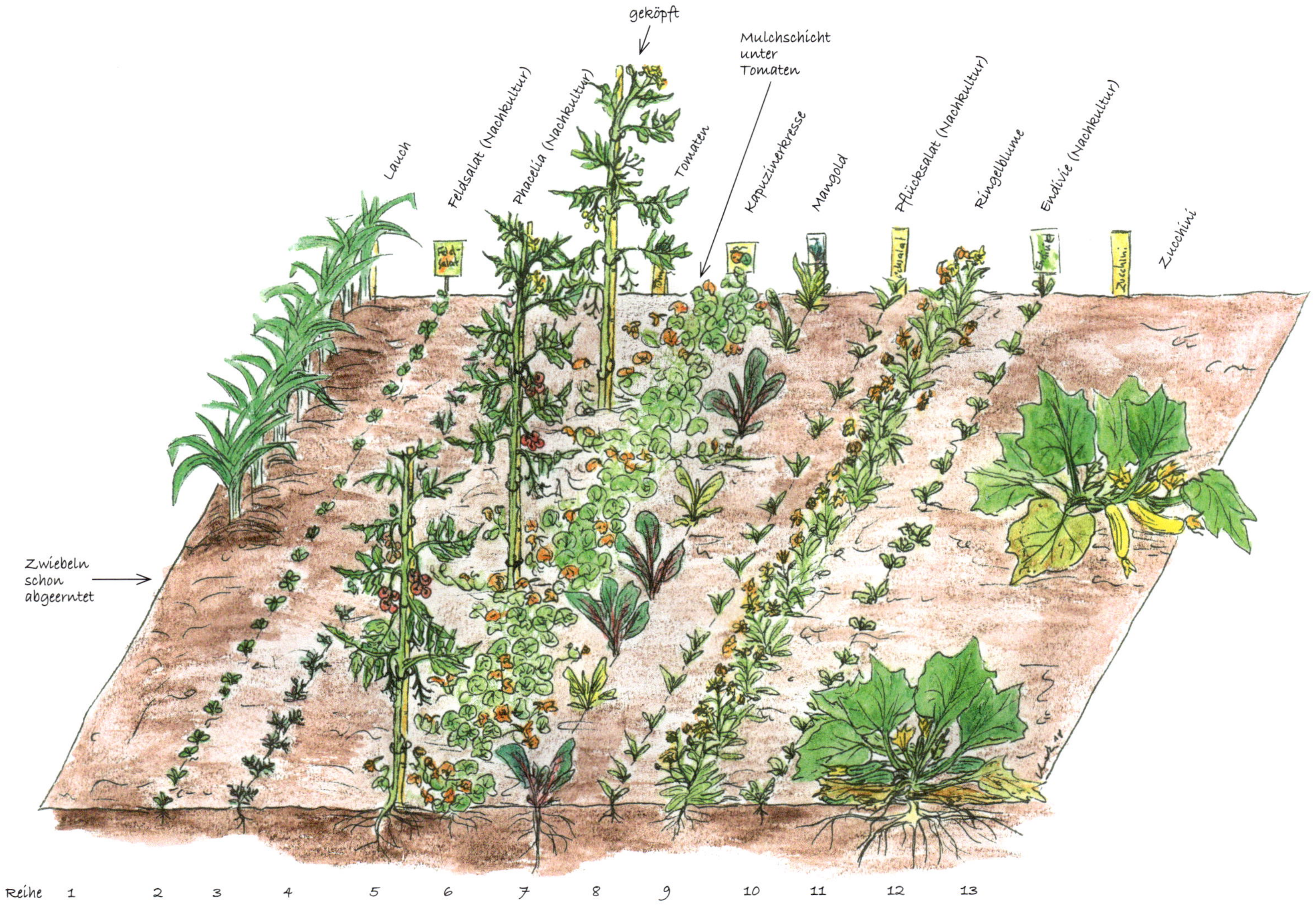

DO IT YOURSELF!
Charlottes & Walburgas Gartenideen

Tage, in denen das Thermometer über 30 °C ansteigt, werden häufiger und die Hitzeperioden dauern länger an. Als Gärtner sollte man auf diese Wetterextreme gelassen reagieren, ändern kann man doch nichts an ihnen. Mit ein paar Tipps lassen sich diese heißen Wochen für Mensch und Pflanzen aber ganz gut überstehen.

Gemulchtes Gemüsebeet: Der Mulch schützt den Boden vor Verdunstung und hält so an sehr heißen und sonnigen Tagen die Feuchtigkeit im Boden.

Charlottes Tipps gegen Hitze

- „Lieber dreimal Hacken als einmal gießen", so lautet eine alte Gärtnerweisheit. Deshalb lockern und regelmäßig den Boden um die Pflanzen aufhacken.
- Frisch gepflanzte Salat- oder Gemüsesetzlinge können Sie während der größten Mittagshitze mit alten aufgespannten Regenschirmen beschatten!
- Mulchen heißt das Zauberwort. Alle Stellen mit offener, unbepflanzter Erde mit gezupftem Unkraut, angetrocknetem Rasenschnitt, Erntegut (zum Beispiel Salat und Kohlblätter) oder sonstigem organischen Stoffen wie Stroh oder Häcksel von Grüngut bedecken. Auch Töpfe oder Kübel lassen sich so gut beschatten und feucht halten. Dabei können Sie alternativ auch feuchte Handtücher, Holzhäcksel, Kartonagen, Zeitungen oder Steine verwenden.
- Bewährt hat sich bei Gewächshauspflanzungen das Eingraben von Gießhilfen. Wir nehmen dafür 1-Liter-Milchtüten, schneiden den Boden ab, schrauben den Verschluss nur so darauf dass er hält, und graben sie kopfüber neben der Pflanze ein. Das Wasser sickert langsam durch den nicht fest geschlossenen Verschluss.
- 1000-Liter-Wassertanks in Gitterboxen auf Paletten gibt es günstig gebraucht zu kaufen. Damit lässt sich das Regenwasser sammeln. Noch besser ist natürlich eine Zisterne, wenn vorhanden, man es sich leisten kann beziehungsweise beim Hausneubau gleich beachtet (wenn ohnehin schon ein Bagger auf dem Gelände ist).

Achtung Unwetter!

Eine Unwetterwarnung wird meist über eine relativ große Region ausgesprochen, doch wo Hagel und Sturm niedergehen, ist nicht sicher. Meist geht es so schnell, dass der Gärtner gar nicht mehr reagieren kann. Auf jeden Fall schnell noch Gewächshaustüren und Frühbeetkästen schließen, eventuell mit Bastmatten oder Decken abdecken und gegen Sturm befestigen. Empfindliche Topfpflanzen an die Wand rücken. Dann heißt es warten und hoffen, dass es nicht so schlimm kommt. Besonders nach einem Hagelwetter sollte man nicht gleich verzweifeln, sondern erstmal eine Nacht darüber schlafen. Am nächsten Morgen sieht man, was wirklich kaputt ist. Zuerst die großen Schäden entfernen. Dann abwarten, nach 3 Tagen hat sich so manche totgeglaubte Pflanze erstaunlicherweise wieder einigermaßen erholt. Nur zerfetzten Salat sollte man gleich ernten oder ganz entfernen. Er würde Schnecken von überall heranlocken.

Die Sonne erwärmt das Wasser in den am Brunnentrog gefüllten Gießkannen über den Tag. Pflanzen mögen keine eiskalten Duschen.

Walburgas Tipps zum richtigen Gießen

- Nie während der Mittagshitze gießen, die Feuchtigkeit wäre sofort verdunstet, am besten abends, so hat die Pflanze genügend Zeit, die Feuchtigkeit aufzunehmen. Wenn Sie (zu viele) Schnecken im Garten haben, besser morgens wässern.
- Mit der Gießkanne direkt den Wurzelbereich wässern, nicht übers Blatt. Gezielt werden so frisch gepflanzte Setzlinge oder sehr durstige Stauden gegossen.
- Kein kaltes Wasser aus dem Brunnentrog oder der Leitung verwenden, die Sonne erwärmt die gefüllt aufgestellten Gießkannen über den Tag.
- „Nicht kleckern sondern klotzen": Lieber alle 3 Tage ausdauernd gießen, als jeden Tag ein bisschen. Wenn Pflanzen ständig oberflächlich befeuchtet werden, fehlt die Anregung zur Ausbildung der Feinwurzeln in tieferen Schichten. Doch gerade die sind für eine optimale und ausreichende Versorgung der Pflanzen verantwortlich. Die Pflanzen werden faul und sie entwickeln sich schwächer.
- Automatische Bewässerungsanlagen wie Gartenregner sollten die ganze Nacht durchlaufen, um den Boden durchdringend zu durchfeuchten. Das ist allerdings nur zu empfehlen bei Eigenwasser oder geeigneten Sammelbehältnissen für Regen- und Dachwasser.

DIE GUTEN INS TÖPFCHEN
Ernten & Rezeptideen

Vieles, was im Garten wächst, kann nicht sofort frisch verarbeitet werden und unsere Speisezettel bereichern. Einige Arten sind generell für die Lagerung vorgesehen, wie Zwiebeln und Kartoffeln. Andere, wie Erbsen, Bohnen, Tomaten und Zucchini, können in irgendeiner Form für den Verbrauch im Winter haltbar gemacht werden. Es ist wichtig, den richtigen Erntezeitpunkt der jeweiligen Gemüsearten zu kennen.

Walburgas Tipp:

Manche Tomatensorten neigen bei abwechselnd trockenem und feuchtem Wetter zum Platzen. Bei mir hat schon sehr geholfen, die Pflanzenstöcke zu mulchen und den Geiztrieb vor dem gekappten Haupttrieb stehenzulassen.

Das wird jetzt geerntet

Brokkoli: Die Brokkolipflanze bildet aus den Nebentrieben immer wieder kleine Röschen aus. Diese ernten Sie laufend in knospigem Zustand. Möchten Sie kein Gemüse mehr ernten oder haben sie viele Pflanzen im Garten stehen, einfach eine blühen lassen. Blühender Brokkoli ist eine wertvolle Nektarpflanze für Bienen.

Stangenbohnen: Die Bohne ist erntereif, wenn sie sich fest und glatt anfühlt, die Kerne sich aber noch nicht durchdrücken lassen oder sich die Hülse schon zu verfärben beginnt. Ausnahmen: Perlbohnen und Trockenbohnen. Lieber zu junge Hülsen pflücken, ältere sind schon zäh.

Zucchini: Mit einem scharfen Messer die Frucht mit einem Stück Steilansatz abschneiden, wenn die Schale noch weich ist und sie eine Größe von 12 bis 20 cm erreicht hat. Mit etwas Geschick lässt sie sich auch vorsichtig abdrehen. So kann sie noch gut ein paar Tage im Kühlschrank gelagert werden, ohne vom Stängelansatz her auszutrocknen.

Jetzt kann noch aus dem Vollen geschöpft werden: erntereifes Gemüse im Beet.

Tomatenernte: An der verdickten Stelle am Stängelansatz lässt sich die Tomatenfrucht leicht durch Abknicken lösen.

Tomaten: Am Stängelansatz gibt es eine kleine verdickte Stelle. Hier lässt sich die Frucht leicht und sauber abknicken. Man sollte darauf achten, dass die Früchte gut ausgereift sind und ihre endgültige sortentypische Farbe erreicht haben. Werden die Pflanzen gut mit Wasser und Nährstoffen versorgt, können diese alle 3 Tage durchgepflückt werden. Ausnahme sind die schwarzen Sorten. Ihr Reifebild entwickelt sich von schwarzgrün nach schwarzrot bis rot mit schwarzen Schatten. Diese Ausfärbungen dauern allerdings etwas länger, was den Vorteil hat, dass sie bis tief in den Herbst hinein frische Früchte liefern.

Markerbsen: Die Erbsen sind reif zum Pflücken, wenn die Hülsen rund und prall aussehen und ihre ursprüngliche Schotenfarbe noch haben. Bei größeren Verfärbungen ins Bräunliche ist der beste Erntezeitpunkt schon überschritten. Erbsen lassen sich leicht mit einem kleinen Ruck vorsichtig abreißen. Dann brechen Sie die Hülsen an der Trennlinie mit dem Fingernagel auf und streifen die Erbsen heraus. Diese sollten Sie anschließend gleich weiterverarbeiten.

Zwiebeln: Sie werden geerntet, wenn die Schloten trocken geworden oder schon abgegangen sind. Oft schaut die Zwiebel schon zur Hälfte aus der Erde, dann einfach herausziehen oder mit der Grabegabel etwas lockern und ein paar Tage vor Regen geschützt ausgebreitet abtrocknen lassen. Anschließend streift man vorsichtig die noch anhaftende Erde mit der Hand ab, ohne dabei die äußeren Häute wegzunehmen. In luftigen Eisenkörben oder sonstigen Behältnissen lassen sich die trockenen Zwiebeln aufbewahren. Geschützt unter dem Dachvorsprung oder in einem Schopf ist dies auch bei Minusgraden ohne Qualitätsverlust möglich.

Kapuzinererbse: Die Hülsen sind reif, wenn sie rund und prall sind und ihre sortentypische Farbe noch erkennbar ist.

GUT ZU WISSEN

Kann man geschossenen Salat eigentlich noch essen? Ja, die einzelnen Blätter lassen sich noch gut bis zur Blütenbildung in der Küche verwenden. Sobald sich aber die ersten Blüten zeigen, wird die Blattstruktur zäh und bitter.

Tipps zum Haltbarmachen

Jahrhundertelang war es überlebenswichtig, die riesigen Gemüsemengen aus dem Garten zu verarbeiten und Wintervorräte für die Familie anzulegen. Heute, im Zuge der alles und immer zur Verfügung stellenden Lebensmittelindustrie, ist dies so gut wie nicht mehr notwendig. Erst die Entscheidung, einen Garten für den eigenen Gemüseanbau anzulegen, wirft auch die Frage auf, wie überschüssige Ernten verarbeitet und haltbar gemacht werden sollen. Was selbst gesetzt und gepflegt wurde, hat einen hohen Stellenwert. Dies kreativ und geschmacklich besonders zu verarbeiten bedeutet, Zeit und Wissen zu investieren. Dafür steht am Ende ein Produkt, von dem Sie nicht nur ganz genau wissen, was drin ist, in jedem Glas selbst Eingemachten steckt auch ihre ganze Gartenleidenschaft – ein befriedigendes Gefühl.

Die ältesten Methoden der Haltbarmachung sind das Trocknen und das Einmieten. Sie sind relativ einfach und ohne ausgefallene Rezepturen für jeden durchführbar. Doch schon die flächendeckende Einführung des „Weckkessels" vor 100 Jahren erweiterte und veränderte den Speisezettel unserer Ahnen ungemein. Der Siegeszug der Kühlschränke und Truhen in den 1950er-Jahren kam fast einer Revolution gleich. Im Prinzip können fast alle Gemüse und Obsternten aus dem Garten ohne Geschmacksverlust eine bestimmte Zeit eingefroren werden. Eine Arbeitserleichterung, die kein Gärtner mehr missen möchte.

Trocknen

Das eignet sich vor allem für große Erntemengen und für alle, die Freude am genussreichen, kreativen Haltbarmachen der eigenen Gartenschätze haben. Durch Trocknen lassen sich Lebensmittel teilweise jahrelang lagerfähig machen. Gedörrtes ist leicht und lässt sich platzsparend lagern. Man braucht nur Geduld und warme, trockene Luft. Das Aroma wird intensiver, alle Mineralstoffe bleiben erhalten. Nur das Vitamin C geht größtenteils verloren. Die Blüten und Blätter für den eigenen Haustee lassen sich genauso schnell und einfach trocknen wie verschiedene Pflanzen für das eigene Kräutersalz. Auf unserem Hof gibt es noch einige Obst- und Gemüseernten, die getrocknet beziehungsweise gedörrt werden – etwa für besondere, regionale Rezepte, wie das badische „Hutzelbrot", oder weil es eine Pfifferlingschwemme oder einen Tomaten- und Zucchiniüberschuss gibt. Zwetschgen und Birnen werden mit Nachwärme im Holzofen gedörrt. Bei trockenem, heißem Sommerwetter können halbierte Tomaten und Zucchinischeiben auch an der Sonne leicht trocknen.

Sterilisieren

Dies ist etwas aufwendiger. Man braucht einen Einkochautomaten, wenn viel oder öfter Bedarf besteht. Kleinere Mengen lassen sich auch im Backofen unterbringen. Vom Ursprung her wurden dafür die sogenannten Weckgläser verwendet (Glas, Glasdeckel mit Gummidichtung). Es funktioniert aber auch einfach mit Gläsern und einwandfreien „Twist-Off"-Deckeln. So wird im Prinzip durch Erhitzen und einen luftdichten Verschluss der Inhalt für mindestens 1 Jahr haltbar gemacht. Dafür sind keine weiteren Konservierzusätze wie Salz, Zucker oder Essig nötig. So lassen sich Kapazitäten in der Gefriertruhe sparen. Gleichzeitig lässt sich auf diese Weise empfindliches, wertvolles Erntegut schnell und kreativ zu schmackhaften Rezepten verarbeiten.

Einfrieren

Die Gefriertruhe ist nach einheitlicher Bekundung vieler Gartenbesitzer die Erleichterung in der Haltbarmachung und

Luftig und warm getrocknet und dunkel gelagert behalten Kräuter lange Farbe und Aroma.

Bevorratung schlechthin. Qualität und Nährstoffe bleiben im Gegensatz zu anderen Methoden weitgehend erhalten. In Aussehen, Geschmack und Farbe kommen die Gefrierprodukte dem Frischezustand am nächsten. Es lassen sich gut Mehrfach-Gerichte einfrieren, die im Zuge von großen Erntemengen im größeren Stil fertig gekocht wurden – beispielsweise Apfelmus, Tomatensoße oder Gemüsecremesuppe. Frisches Gemüse muss vor dem Einfrieren blanchiert werden, es wird kurz in kochendes Wasser eingetaucht und anschließend schnell mit kaltem fließenden Wasser (bei grünem Gemüse Eiswasser) wieder abgekühlt. Durch diese Maßnahme bleiben die Farbe, das Aroma und auch die Vitamine erhalten. Einige Gemüsearten eignen sich allerdings nicht zum Tieffrieren, wie Gurken, Salate oder Rettiche.

Rezeptideen aus Garten & Natur

ZUCCHINI-ZITRONENKUCHEN MIT APFEL

WIR BENÖTIGEN DAZU:
200 g Zucker
1 Prise Salz
150 ml Öl (z. B. Sonnenblumenöl)
210 g fein geriebener Apfel oder Apfelmark (Apfelmus ohne Zucker)
1 (Bio-)Zitrone: geriebene Schale und Saft (je nach Geschmack kann auch mehr Zitrone zugegeben werden)
150 g gemahlene Mandeln oder Haselnüsse
300 g Mehl
½ Päckchen Backpulver
400 g Zucchini, fein gerieben mit Schale

SO WIRD'S GEMACHT:
➔ Zucker, Salz und Öl cremig rühren.
➔ Geriebenen Apfel, Zitronenschale, -saft und gemahlene Mandeln unterrühren.
➔ Mehl mit Backpulver mischen, dazugeben und gut umrühren.
➔ Zuletzt die geriebenen Zucchini unterheben.
➔ In gefetteter Kastenform bei 180 °C ca. 60 Minuten backen.

RINGELBLUMENSALBE MIT JOHANNISKRAUTÖL

WIR BENÖTIGEN DAZU:
100 ml kaltgepresstes reines Sonnenblumenöl
10 g reines ungeschwefeltes Bienenwachs (bekommt man beim Imker)
Ätherisches Öl nach Geschmack

SO WIRD'S GEMACHT:
➔ Aus dem kaltgepressten Sonnenblumenöl je 50 ml Ringelblumen-Auszugsöl und 50 ml Johanniskraut-Auszugsöl herstellen. Dafür in ein helles Schraubglas je eine kleine Handvoll Ringelblumen-Blütenköpfe und Blüten, Blätter und Knospen des Johanniskrauts füllen. Das Öl auf die Gläser gleichmäßig so verteilen, dass alle Blüten bedeckt sind. Mit einem Leinentuch abdecken und mit Gummi fixieren, damit die Feuchte in den Blüten noch entweichen kann. Nach ca. 1 Woche Deckel aufsetzen und täglich schütteln. Das Ringelblumenöl ist nach 3 bis 4 Wochen fertig, das Johanniskrautöl braucht ca. 6 Wochen.
➔ Die fertigen Öle abseihen und zusammen in einem kleinen Topf erwärmen, auf keinen Fall zu heiß werden lassen oder gar kochen.
➔ Das Bienenwachs darin schmelzen, in kleine Cremedosen abfüllen, abkühlen lassen. Nach Belieben etwas ätherisches Öl einrühren. Gut verschließen.

TOMATENSOSSE MIT GEMÜSE FÜR DEN VORRAT

WIR BENÖTIGEN DAZU:
1 kg reife Tomaten
2 große Karotten
3 Stangen Staudensellerie
1 Stange Lauch
1 Rote Bete
Ca. 5 Esslöffel Olivenöl
2 frische Chilischoten
2 Knoblauchzehen
Kräuter, Kräutersalz, Pfeffer

SO WIRD'S GEMACHT:
➔ Tomaten, Stangen-/Staudensellerie mit dem Grün und Lauch kleinschneiden, Karotten und Rote Bete grob raspeln.
➔ Olivenöl in einem Topf erhitzen, das Gemüse darin andünsten.
➔ Die Chilischoten kleinhacken, zugeben; Knoblauchzehen ebenfalls dazu pressen.
➔ Nach Geschmack je ein paar Blätter Oregano, Basilikum und Salbei kleinhacken, dazugeben, bei mäßiger Hitze ca. 30 Minuten garen.
➔ Mit Kräutersalz und Pfeffer abschmecken. Das ergibt eine gröbere, festere Soße, die sich auch als würziger Aufstrich für Pizza eignet, oder noch püriert werden kann.

Reicht bei 4 Personen für ca. 2 Mahlzeiten.

Diese Salbe ist meine Salbe für alle Fälle – bei Kratzern, rauen Gartenhänden und als Hautpflege bei Wind und Kälte.

WAS DIE OMA SCHON WUSSTE
Wertvolles Wissen wiederentdeckt

Lupinen sind eine besonders hübsche Gründüngungspflanze. Die Schmetterlingsblütler reichern den Boden mit Stickstoff an.

Gründüngung

Gründüngung ist im Prinzip das Düngen und Mulchen des Bodens mit lebenden Pflanzen. Die Pflanzen beschatten den Boden während der Vegetationszeit und ihre Wurzeln lockern ihn auf. Verschlämmung durch Regen wird vorgebeugt, das Bodenleben geschützt. Im Herbst können die grünen oder schon abgestorbenen Pflanzenteile in den Boden eingearbeitet werden, wodurch zusätzlich Humus entsteht. Die organischen Substanzen dienen den Bodenlebewesen hierbei als Nahrung.

Gründüngungspflanzen werden oftmals als Flächenbegrünung eingebracht. Um etwa ein Stück umgegrabene Rasenfläche oder einen Teil des Baulands als Gartengrundstück nutzen zu können, ist es wichtig, den Boden zu lockern und für die Nachfolgekulturen aufzubereiten. Um verdichtete Böden aufzubrechen, sollten Gründüngungspflanzen Verwendung finden, die tief ins Erdreich wurzeln und/oder in der Lage sind, Stickstoff aus der Luft mithilfe von Knöllchenbakterien im Boden anzureichern. Das sind in erster Linie Schmetterlingsblütler wie Bohnen, Lupinen und Luzerne.

Auf diese Weise können aber auch Gartenstücke eingesät werden, die vielleicht ein Jahr nicht als Anbaufläche gebraucht werden oder die einer „Kur“ unterzogen werden sollen. In jedem Fall wird die Fläche im Mai und Juni am besten in Reihen mit einem Abstand von ca. 20 cm eingesät. Zwischen den Reihen lässt sich so das keimende Unkraut noch aushacken, bis die Reihen zugewachsen sind. Eine empfehlenswerte Gründüngungspflanze ist *Phacelia*, die mit keiner Gemüseart verwandt und zudem eine hervorragende Bienenweide ist.

Das sind auch Tagetes und Ringelblumen, sie wirken zudem noch als „Bodenentseucher“, wenn dieser durch Nematoden ausgelaugt und müde geworden ist. Für eine Bodenkur empfehlen wir eine Einsaat mit *Phacelia*, Ringelblumen und *Tagetes* in gleichem Verhältnis. Die abgestorbenen Pflanzen können ohne Weiteres im Herbst in den Boden eingearbeitet werden. Die verrottenden Pflanzenrückstände bilden so noch Humus.

Weiterhin können durchaus auch Gemüsepflanzen als Gründüngung Verwendung finden. Auf großen Flächen bietet sich der Kürbis an, der mit seiner großen Blattmasse eine ganze Gartensaison den Boden beschattet. Auch Feldsalat tut dem Boden gut, da er ihn gut durchwurzelt und gleichfalls mit keiner Gemüseart verwandt ist – und Sie können ihn auch noch ernten.

Stecklingsarbeit

Im August stehen die Kübel- und Balkonpflanzen in voller Blüte. Geranien, Fuchsien, Wandelröschen, Blattkakteen und viele mehr haben sich prächtig entwickelt und erfreuen mit immer neuen Blütentrieben. Genau jetzt ist die beste

Phacelia ist Gründüngungspflanze und Insektenmagnet zugleich.

Zeit, um Stecklinge zu schneiden und für Nachwuchs zu sorgen. Stecklinge sind eine ideale Möglichkeit, um aus einem ganz viele zu machen.

So wird's gemacht: Von Geranien, Fuchsien oder Wandelröschen werden Kopfstecklinge von diesjährigen Trieben geschnitten. Mit einem scharfen Küchenmesser höchstens 3 ca. 10 cm lange Triebspitzen abschneiden. Damit lässt sich auch gleichzeitig die Wuchsform der Pflanze korrigieren. Schneiden Sie so ab, dass die Schnittstelle maximal 5 mm unterhalb eines Blattknotens liegt. Die unteren Blätter wie auch alle Ansätze von Blütenknospen entfernen Sie. Diese würden der Jungpflanze zu viel Kraft rauben, die sie ausschließlich zur Wurzelbildung benötigt. Wählen Sie nicht zu große Töpfe. Nach meiner Erfahrung dauert das Wurzelschlagen darin wesentlich länger, vielleicht weil sich der Steckling etwas verloren vorkommt. Die kleinen Töpfe werden gefüllt mit einer Mischung aus eigenem, gut abgelagerten Kompost, etwas Sand und ein bisschen Holzasche. Stecken Sie die Stecklinge nicht zu tief in die Erde und drücken mit Daumen und Zeigefinger vorsichtig an. Am besten befeuchten Sie mit einem „Wäschesprenger" die Erde. Die Stecklinge sollten hell und warm, aber nicht sonnig stehen. Ich stelle sie einfach ins gut gelüftete Gewächshaus. Ein absonniges geschütztes Plätzchen an der warmen Hauswand geht auch. Das empfohlene Abdecken mit Plastiktüte oder Glas ist zu dieser Jahreszeit nicht nötig. Im Gegenteil, wenn Sie nicht aufpassen, können die Pflänzchen darunter sehr schnell verbrennen. Sobald die Stecklinge die ersten frischen Blätter zeigen, haben sie Wurzeln geschlagen. Das ist meist innerhalb von 2 bis 4 Wochen der Fall. So lassen sich auch alle einjährigen Balkonpflanzen mithilfe von Stecklingen vermehren. Außerdem ist es ein nettes Geschenk für Blumenliebhaber und Gartenbegeisterte.

Charlottes Tipp:

Möchten Sie aus einem Garten einen ungetopften Sämling oder Steckling unbeschadet nach Hause transportieren, so legen Sie ihn in eine Plastiktüte mit feuchtem Moos.

SEPTEMBER & OKTOBER

Wunderbare Erntezeit

WAS IST ZU TUN IM SEPTEMBER & OKTOBER?

- Samenernte von Hülsenfrüchten und Sommerblumen.
- Letzte Salat- und Gemüseaussaaten.
- Wurzelgemüse ernten und einlagern.
- Bodenbearbeitung im Herbst, Erhöhung des Humusanteils, Bodenschonung im Winter.
- Vitale Stauden teilen und umpflanzen, Sträucher verjüngen durch Schnittmaßnahmen.
- Saatguternte von Bohnen, Erbsen und Sommerblumen.
- Stauden umsetzen.

GARTENPRAXIS
Was braucht ein Gärtner wirklich?

Zu Beginn aller gärtnerischen Tätigkeiten befasst man sich mit Beeteinteilungen, Aussaatterminen oder Pflanzplänen – also mit Tätigkeiten, die mittelbar zum Ernteerfolg führen. Die wenigsten Gärtner aber machen sich Gedanken über einen Arbeitsplatz zum Topfen, Pikieren, Aussäen und vieles andere. Ich finde diesen Platz wichtig. Es ist wie in einer guten Werkstatt oder Küche, die eingerichtet und übersichtlich alles bereithält, was für die anfallenden Arbeiten benötigt wird. Muss man erst alles mühsam zusammensuchen, hält sich die Lust an diesen Arbeiten erheblich in Grenzen. Dabei gibt es einfache Möglichkeiten, sich diesen Platz solide zu bauen und ihn gleichzeitig so attraktiv zu gestalten, dass er in die gesamte Gartenanlage integriert ist. Er muss robust, praktisch und gut zu erreichen sein. In jedem Fall kann man diesen Platz zum Werkeln als originellen, individuellen Hingucker gestalten.

Der Tisch ist Wind und Wetter ausgesetzt, dementsprechend sollte das verwendete Material robust genug sein. Gut geeignet sind Stein- oder Schieferstücke als Tischplatte sowie dicke Holzbalken aus Abrisshäusern oder Rundholzrollen als Tischfüße.

September & Oktober: Herbst ist Erntezeit im Beet! Kürbis, Kartoffel, Pastinake, Mais und Co. tragen jetzt reiche Frucht.

Ich habe meinen Pflanztisch direkt am Gewächshaus stehen. Er besteht aus einer alten Edelstahlspüle mit zwei Becken. Diese sind mit verschiedenen Erden gefüllt und werden mit großen Fliesenstücken nach getaner Arbeit abgedeckt. Direkt dahinter stehen die großen Fässer mit Pflanzenjauche. Etwas weiter entfernt befinden sich der Misthaufen und die Kompostanlage. So liegt alles nah beieinander und es sind nur kurze Wege zurückzulegen.

Grundausstattung für den Gärtner

Welche Arbeitsgeräte braucht man wirklich, um ein Gartenstück zu bearbeiten und zu pflegen? Es gibt so viele verschiedene, für jede Arbeit ein Spezialgerät. Wirklich in Benutzung sind aber nur wenige; oft hat der Gärtner sein Lieblingsgerät, das er gerne für eine Vielzahl von Tätigkeiten verwendet. Im Grunde genommen brauchen Sie nicht viel, aber qualitativ hochwertiges Werkzeug. Ich gärtnere seit fast 30 Jahren mit diesen Geräten:

Spaten: Pflanzlöcher graben, Kanten abstechen und große Wurzelballen teilen.

Grabegabel: Gartenboden umstechen im Herbst.

Häulein (Gartenhacke): Beete durchziehen, kleine Pflanzlöcher hacken, Saatrillen ziehen, Unkraut abhacken und Saaten anklopfen.

Gartenrechen: ebnen und glätten der Beete, Unkraut zusammenrechen in den Wegen.

Scheren: zwei Handscheren je nach Vorliebe und Einsatzbereich.

Astschere: Hecken, Beerensträucher und dünnere Äste entfernen.

Gießkanne: angießen von Aussaaten und Setzlingen, gießen von Töpfen und Balkonblumen.

Handwurzelstecher: entfernen von Löwenzahnwurzeln, Nelkenwurz und sonstigen Tiefwurzlern.

DIE EIGENE KINDERSTUBE
Samen & Samenernte im Herbst

In meinem Mischkulturplan spielen Blumen und Kräuter eine wesentliche Rolle. Sie schaffen Puffer, wo es notwendig ist, helfen bei nachbarschaftlichen Gesundheitsfragen und nicht zu vergessen ist ihre Aufgabe als Gestaltungselement. Viele der einjährigen Gemüsepartner sind leicht zu kultivieren und lassen sich sowohl durch Eigensaatgewinnung als auch durch Selbstaussaat fast mühelos gewinnen.

Sommerblumen, die sich ohne mein Zutun weitervermehren, stehen an den Beeträndern und in den Staudenrabatten. Um ihnen diese Möglichkeit zu geben, darf man nicht gleich alles rausreißen oder abschneiden, wenn die Blüte vorüber ist.

Einige Arten brauchen auch die höheren Stauden als sommerliche Schattenspender für den noch kleinen Nachwuchs. Ab September findet man dann oft schon beim Jäten oder Ernten die kleinen Blattrosetten, die sich zu diesem Zeitpunkt noch gut versetzen lassen. Was zu viel ist, reiße ich einfach heraus. Das ganze Gemüsebeet wäre sonst mit Stockrosen, Vergissmeinnicht und Klatschmohn bevölkert. Es sind in der Regel ein- und zweijährige Arten, wobei die robusten einjährigen mit ihren Samen im Boden überwintern. Diese haben dann im Frühjahr einen enormen Blühvorsprung gegenüber den frisch gesäten.

EMPFEHLENSWERTE EINJÄHRIGE ARTEN

Einjährige Art	Botanischer Name	Wuchshöhe je nach Sorte	Blütenfarbe
Astern	*Aster* ssp.	ca. 30–40 cm	weiß, rosa, flieder
Argentinisches Eisenkraut	*Verbena bonariensis*	ca. 100 cm	violett
Bechermalven	*Lavatera trimestris*	ca. 120–140 cm	rosa
Borretsch	*Borago officinalis*	ca. 40 cm	blau, weiß
Cosmea, Schmuckkörbchen	*Cosmos bipinnatus*	ca. 100 cm	rosa, weiß, orange, gelb
Fuchsschwanz	*Amaranthus* ssp.	ca. 80–160 cm	weinrot, hellgrün
Jungfer im Grünen	*Nigella damascena*	ca. 30–40 cm	blau, weiß
Kapuzinerkresse	*Tropaeolum* ssp.	ca. 20–30 cm oder auch rankend	orange, gelb, purpurrot
Kornblumen	*Centaurea cyanus*	ca. 30–40 cm	blau, violett, rosa, weiß
Ringelblume	*Calendula officinalis*	ca. 30–60 cm	orange, gelb
Sonnenblume	*Helianthus annuus*	ca. 80–200 cm	gelb
Tagetes	*Tagetes* ssp.	ca. 20–100 cm	gelb, orange, braun
Zinnie	*Zinnia elegans*	ca. 30–120 cm	verschiedene Farben und Formen

Wer den Borretsch einmal im Beet blühen lässt, kann sich von da an jedes Jahr an den blauen Sternblüten und dem gurkigen Aroma erfreuen.

Ich möchte Ihnen hier einjährige Blumen vorstellen, bei denen es sich lohnt, eigene Samen zu nehmen. Außerdem beschreibe ich, wie das am einfachsten geht und welche Arten Sie komplett sich selbst überlassen können, wenn Sie sich einmal in Ihrem Garten angesiedelt haben. In meinem Bauerngarten werden nur die Robustesten und Pflegeleichtesten weiter angebaut. Damit die Samen sich auch jedes Jahr immer wieder gleich entwickeln, verwende ich nur samenfestes Saatgut. Natürlich gibt es noch viele andere Sommerblumen. Ich habe mich hier nur auf die beschränkt, die gut wachsen, wunderbar mit Gemüsepflanzen harmonieren und nicht zuletzt noch toll aussehen.

GUT ZU WISSEN

Im gärtnerischen Sinne sind Einjährige, auch sommerannuelle Pflanzen genannt, solche, die in einer Vegetationsperiode, meist von Frühjahr bis Herbst, keimen, blühen, Samen tragen und absterben. Im Gegensatz zu Zweijährigen, die auch als winterannuelle Pflanzen bezeichnet werden. Diese brauchen während ihres Wachstums einen Kälteschock. Meist überwintert die Pflanze in einem Rosettenstadium, kommt im nächsten Frühjahr zur Blüte, trägt Samen und stirbt bis zum Sommer oder Herbst ab.

Versamen sich gerne und reichlich:

Borretsch, Ringelblumen, Fuchsschwanz, Kapuzinerkresse, Jungfer im Grünen und Argentinisches Eisenkraut.

Diese stehen während der Gartensaison am Rand oder immer mal wieder zwischen den Gemüsereihen. Im Oktober, wenn die Beete abgeerntet, gejätet und gelockert werden, ziehe ich die meist abgestorbenen Blumen aus der Erde. Die reifen Samen liegen dann oft schon durch den Wind oder Berührungen auf dem Boden verteilt. Beim leichten Aufhacken der Bodenschichten werden sie eingearbeitet und überwintern dort als Samenkorn. Viele keimen erst im Mai, wenn der Boden schon richtig erwärmt ist. Doch dann dauert es nur wenige Wochen, bis sich die ersten Blüten zeigen. Die kleinen Setzlinge lasse ich so lange auf den Beeten, wie ich den Platz für die Gemüsereihen noch nicht brauche. Borretsch- und Kapuzinerkresse-Blätter kann man schon bald für die Küche ernten. Viele der robusten Blumen werden an den Rand oder in die Reihen beim Anbauplan integriert. Borretsch, Kapuzinerkresse und Jungfer im Grünen lassen sich nicht versetzen, alle anderen nur als kleine Pflänzchen. Was zu viel ist, reiße ich heraus und lasse es als Mulch zwischen den Reihen liegen. Größere Pflanzen ohne Samen kommen in die Jauchetonne.

Eigene Samenernte lohnt sich:

Kornblumen, Ringelblumen, Tagetes, Kapuzinerkresse, Kosmeen, Bechermalven, Zinnien, Sonnenblumen, Trichterwinden und Wicken.

Von all den genannten werden im September/Oktober Samen eingesammelt. Außer den Kletterpflanzen haben diese einen festen Platz in meinen Anbauplänen. Darum werden Ringelblumen und Kapuzinerkresse auch gezielt beerntet und im nächsten Frühjahr als Reihen neben Gemüse und Salat gesät. Für die Samenernte sollte man warme Wetterperioden unbedingt ausnützen. Die Pflanzen und vor allem die Samen sollten gut trocken sein. Im Herbst bieten sich die Mittags- und

Nachmittagsstunden an, wenn die Taufeuchte abgetrocknet ist. In Papiertüten oder Plastikbecher können die Schätze gepflückt werden. Kornblumen, Tagetes und Kosmeen geben ihr Saatgut leicht frei. Reif sind die schwarzen bis dunkelbraunen Samenstifte.

Bei **Sonnenblumen** wird die Blütenscheibe hart und wölbt sich etwas nach oben. Sämtliche Zungenblüten sind abgefallen und die Samen verfärben sich meist dunkel. Vorsicht, die Vögel haben dieses tolle Nahrungsangebot meist schnell entdeckt. Man schneidet die ganze Blütenscheibe ab. Unser Tipp ist, engmaschige Kartoffelnetze oder eine Feinstrumpfhose darüber zu ziehen und festzubinden, wenn die Samen auszureifen beginnen.

Bei **Ringelblumen** ist die ganze Pflanze oft schon dürr, die etwas stacheligen Samenköpfe fallen beim Reiben in der Hand auseinander. Auffallend sind die gebogenen, fast ringförmigen Früchte, Achänen genannt, die der Blume den deutschen Namen gaben.

Reife Tagetes-Samen sehen aus wie dunkle, lange Pinsel.

Von vielen Sommerblumen lassen sich leicht selbst Samen ernten.

Der Samen der **Bechermalve** sieht wie ein kleines Rad aus, das sich in viele Scheiben aufteilt. Nur die schwarz gefärbten sind keimfähig.

Etwas mühevoller wird das Ganze dann bei den **Zinnien.** Die dünnen, lanzettlichen Samen befinden sich zwischen den eigetrockneten Blütenblättern. Sie müssen einzeln herausgelesen werden. Möchten Sie sortenrein ihre einjährigen Sommerblumen vermehren, sollten sie nur eine Sorte einer Art anbauen, da Verkreuzungen innerhalb der Arten möglich sind.

Die gesammelten Samen auf einem flachen Teller gut ausgebreitet nochmals nachtrocknen, um Schimmelbildung zu vermeiden. In vorbereitete Behältnisse abfüllen und aufbewahren.

Bohnenhülsen in verschiedenen Reifestadien (von links nach rechts): Samen- und Lagerreife, trockene Hülsen, lederartige Hülse mit verzehrreifen Bohnenkernen, grüne Hülsen.

Samen von Hülsenfrüchten ernten

Die heißen Hochsommertage sind vorbei. Die gemäßigteren Herbsttage haben die Gemüsepflanzen nochmal kräftig wachsen und fruchten lassen. Ernten, Einmachen und Pflegen sind weiterhin regelmäßige Aufgaben im Gartenbetrieb. Jetzt, während der trockenen Herbsttage, werden auch die restlichen Samen an den verbleibenden Samenträgern geerntet. Meine Lieblingsarbeit ist dabei die Bohnensaatgut-Ernte. Ich habe in meinen Gärten ca. 20 verschiedene Stangenbohnen- und fast ebenso viele Buschbohnensorten. Mich fasziniert die Vielfalt dieser Pflanzengattung bei Hülsenform und Verfärbung, besonders aber bei der Farbenpracht und Mustergestaltung der Bohnenkerne selbst. Und Bohne ist nicht gleich Bohne. Allein schon die verschiedenen Kocheigenschaften, wie sie schmecken und wofür sie sich am besten eignen, spornen meine Kreativität als leidenschaftliche Köchin gehörig an.

Zur Saatgutgewinnung sollte man an einer Pflanze die ersten kräftigen Hülsen zur Ausreifung belassen. Um die genetische Vielfalt des eigenen Saatgutes zu garantieren, nimmt man immer von verschiedenen Pflanzen Samen. Wir empfehlen, mit einem roten Faden zu kennzeichnen, welche Hülsen für die Samenernte reserviert sind. Für die Küche pflückt man dann erst alle weiteren wachsenden Bohnen. Das ist besonders wichtig bei Stangenbohnen in höheren oder kühleren Lagen. Sie tragen über einen längeren Zeitraum, wobei es nicht immer gewährleistet ist, dass auch die oberen Hülsen noch zur Samenreife kommen. Die Bohnen sind zur Samenernte pflückreif, wenn sich die Hülsen an der Pflanze deutlich verfärbt haben, trocken und brüchig sind.

Für die kleinere Menge an eigenem Saatgut lassen sich diese am einfachsten mit der Hand auslösen. Auf einem Tablett die Kerne nochmals 2 bis 3 Wochen an einem eher kühlen (das mag der Speisebohnenkäfer nicht) und dunklen Ort (damit die Farbgebung erhalten bleibt) nachtrocknen. Zur Sicherheit kühlt man die trockenen Bohnen in einer Plastiktüte mindestens 5 Tage bei minus 20 °C tief. Damit ist das Schädlingsproblem behoben und die Keimfähigkeit bleibt erhalten. Dann folgt das Nachtrocknen, was bei einwandfreien, trockenen Bohnen in 2 bis 3 Tagen geschehen ist. Gesunde Bohnenkerne glänzen an der Oberfläche und haben keinerlei Runzeln oder Verfärbungen. Für Erbsen, Puffbohnen und alle anderen Hülsenfrüchtler kann man bei der Samenernte dieselbe Vorgehensweise anwenden.

AB IN DEN BODEN!
Das Gartenjahr im Bauerngarten

Der Herbst klopft zwar an die Tür, doch das Gartenjahr ist im September noch nicht zu Ende. Der Sommer erstreckt sich oft bis in die Mitte des Monats mit heißen und trockenen Tagen. Bis zu diesem Zeitpunkt herrschen vielerorts noch warme, stabile Wetterlagen vor. Erst zur Tag- und Nachtgleiche am 23. September merkt man stetig, wie sich die Sonne Richtung südlicher Halbkugel zurückzieht. Die Böden halten die gespeicherte Wärme eine gute Weile nach. Jetzt heißt es nochmal, mit ausgewählten Gemüsearten den frischen Nachschub für die Küche bis in den Winter hinein zu verlängern. Denn jeder Tag zählt!

Ich weiß, dass das nicht so einfach ist, denn auf der einen Seite ist die Ernte von Kartoffeln, Karotten, Rote Beten, Endivien und anderen in vollem Gange. Auf der anderen Seite sollen die Beete frei, von Unkraut gesäubert und mit Kompost versorgt, die neuen Saaten aufnehmen. Damit ich hier noch den Überblick behalte, sind die Herbstsaaten in meinem Mischkulturplan festgehalten (siehe Seite 41). Und doch geht mir Anfang September oft der Platz aus im Gemüsegarten. Dagegen wende ich unter anderem folgenden Trick an:

Gemüsegarten im Herbst: Immer noch blüht und wächst es in den Beeten.

Walburgas Tipp:

Anfang September Feldsalat (mein Favorit, die robuste Sorte 'Vit') in Aussaatplatten säen, nur ca. drei Samenkörnchen versetzt, je in einen kleinen Topf. Warm, aber schattig aufstellen und feucht halten. Diese werden etwa Mitte Oktober in freigewordene Reihen gesetzt, für eine Ernte im Spätwinter.

CHECKLISTE

Was kann im September noch direkt gesät werden?

- Baldriangewächse – Feldsalat
- Korbblütler – Schnittsalate
- Gänsefußgewächs – Spinat
- Portulakgewächse – Winterportulak auch Winterpostelein genannt
- Zwiebelgewächse – Knoblauch stecken
- Winterzwiebeln stecken

In der ersten Septemberhälfte säe ich in die frei werdenden Gemüsebeete. Wir liegen auf einer Höhe von 560 m. Mit jedem Tag, den ich verspätet aussäe, verzögert sich die Ernte um mindestens 2 Tage. Die Herbstsaaten können sie auch gut in Reihen nebeneinander auf ein Beet säen, hier gibt es keinerlei Nachbarschaftskonflikte, da alle in etwa die gleichen Wuchseigenschaften haben. Ich bevorzuge Reihenaussaaten, so lässt sich das Unkraut leichter erkennen und entfernen.

Im September, Oktober ist eine gute Zeit zum Knoblauchstecken. Als idealer Mischkulturpartner passt er gut ins (neu gepflanzte) Erdbeerbeet.

Stichpunkte zur Herbstaussaat:

- Für alle Herbstkulturen den wärmsten und sonnigsten Platz im Garten wählen.
- Alles auf einmal säen; satzweise Aussaat ist nicht mehr nötig, bei regelmäßiger Ernte schossen die Pflanzen nicht mehr.
- Ziehen Sie Reihen mit einem Abstand von ca. 15 bis 20 cm, Samenabstand ca. 10 cm zueinander, 2 bis 3 Samenkörner legen. Diese größeren Abstände sind wichtig, damit die Saaten so viel Sonne wie möglich bekommen.
- Saaten mit wenig Erde bedecken und gut anklopfen. Ich nutze dafür die Kopfseite der Gartenhacke (Häulein), die ich auch zum Ziehen der Reihen verwende.
- Die Saat gut angießen beziehungsweise regelmäßig feucht halten, trockene Böden verhindern das Auflaufen der Saat.
- Es lohnt sich, die Kulturen mit Gemüsevliesen, Schlitzfolien oder einem Tunnel abzudecken. Ich habe das vor Jahren mal getestet – und siehe da, geschützte Saaten waren ca. 3 Wochen früher erntereif als „nackte“ Kulturen.

Charlottes Tipp:

Seit einigen Jahren stecke ich im September, Oktober Knoblauchzehen für das nächste Jahr (oft zwischen die Erdbeerreihen). Im milden Mainklima überwintern die noch vor dem Winter grün austreibenden Zehen problemlos ungeschützt und überstehen auch winterliche Frostperioden. Knoblauch ist aufgrund seiner Bodenansprüche und der pilzhemmenden Wirkung ein idealer Mischkulturpartner für das Erdbeerbeet.

Topfblumen einwintern

Bei mir haben sich im Laufe der Jahre eine beträchtliche Anzahl von Topf- und Kübelpflanzen rund um Haus und Hof angesammelt. Besondere Blattgeranienarten und solche mit wunderbaren Blütenkugeln, altertümliche Blattkakteen und Fuchsien in allen Blütengrößen und Farben. Und natürlich werden jedes Jahr auch wieder Stecklinge geschnitten – als Geschenk und zur Verjüngung. Manchmal werden Sorten auch wieder aus dem Bestand genommen, weil sie zu pflegeintensiv und schlecht durch den Winter zu bringen sind. Meine Pflanzen sollten robust, blühfreudig und pflegeleicht sein. Auch hier sind es oft wieder die alten und bewährten Sorten, an denen ich mich schon jahrelang erfreue. Geranien sind wie Fuchsien und Blattkakteen mehrjährige Pflanzen, die als erwachsene Pflanze auch mal ein bisschen Frost aushalten – eigentlich zu schade zum Wegwerfen. Alle drei können recht einfach überwintert werden, vorausgesetzt, ein günstiger Platz steht zur Verfügung. Der sollte hell und kühl, 5 bis maximal 10 °C warm sein und bei Fuchsien auch dunkel und kühl. Oft sind es ja auch besondere Lieblingspflanzen aus spezialisierten kleineren Gärtnereien, die es nicht in jedem Supermarkt zu kaufen gibt. Und als letztes Argument: Ältere Pflanzenstöcke sind schon abgehärtet, kräftig gewachsen und an das jeweilige Klima gewöhnt. Das ist bei herangezüchteter Massenware leider meist nicht der Fall.

Geranientöpfe an der warmen Hauswand: Spätestens Ende Oktober sollte man die Topfpflanzen fertig machen für das Winterquartier.

Walburgas Tipps zum Einwintern:

- Ab Ende September bei allen Topfpflanzen das Düngen einstellen.
- Gegen Ende Oktober alle Geranien und Fuchsien um zwei Drittel zurückschneiden. Auch Knospen werden abgeschnitten, sie rauben der Pflanze zu viel Energie. Die Pflanze ist kompakter.
- Geranien und Fuchsien, die alleine in einem Topf stehen, können im Topf bleiben. Stöcke in gemischten Pflanzungen werden mit dem Wurzelballen herausgenommen und mit etwas Erde, einzeln oder mit mehreren zusammen, in größere Töpfe gepackt.
- Sonstige einjährige Balkonpflanzen können mit Erde auf den Kompost gebracht werden.
- Töpfe nahe an die Hauswand stellen, bei eventuell leichten Nachtfrösten bereitgelegte Tücher darüberlegen. Alle Kübelpflanzen bleiben so lange wie möglich draußen, Minusgrade von bis zu -3 °C überstehen auch Blattkakteen mit Abdeckung ohne Schaden.
- Sobald sich anhaltend feuchtkaltes Wetter wie Regen oder Schnee ankündigt, Töpfe vorher einräumen. Die Wurzelballen dürfen nicht wassergetränkt ins Winterquartier kommen, sonst besteht Fäulnisgefahr.
- Geranien mögen es hell und kühl und kommen ohne Blätter ins Quartier, diese vorher noch abschneiden. Das dient auch der Läuseabwehr. Einmal die Woche wenig gießen.
- Fuchsien verlieren durch das Zurückschneiden schon die meiste Blattmasse, die noch verbleibenden Blätter ausknipsen. Sie stehen bei mir in einem dunklen, kühlen Kellerraum und brauchen kein Wasser.
- Bei Blattkakteen stelle ich die ganze Pflanze herein und breche die oft noch vorhandenen Blüten aus. Blattkakteen brauchen relativ viel Platz und die fleischigen, langen Blätter brechen sehr leicht. Aber es ist eine Pflanze, die nicht jeder hat und die im Alter einen besonders stattlichen Hingucker darstellt.

Die Wurzelstöcke der Dahlien werden leicht gekippt, damit Restwasser abfließen kann.

GUT ZU WISSEN

Als Vorsichtsmaßnahme kann man bei Geranien und Blattkakteen ab Mitte Januar Knoblauchzehen in die Wurzelballen stecken, das austreibende Kraut vertreibt Läuse.

Dahlien überwintern

Sie bereichern mit ihrer Vielfalt und einem großen Farbenspektrum jeden Garten. Gerade im Herbst zaubern sie als unermüdliche Blüher tolle Bildkompositionen mit Gemüse und Kräutern. Die pflegeleichte Amerikanerin wächst den ganzen Sommer über, braucht wenig Pflege und sieht immer toll aus, die ideale Bauerngartenblume also. Das Einzige, was die wärmeliebende Schönheit nicht vertragen kann, ist Frost und zu viel Wasser. Die fleischigen Knollen zu überwintern ist eigentlich einfach, aber etwas kraftaufwendig. In meinen Gärten stehen sehr viele hohe Sorten, die natürlich auch dementsprechend große und schwere Wurzelstöcke haben.

Tipps zum Überwintern:

- **Ende Oktober, die ersten leichten Nachtfröste haben die oberirdischen grünen Pflanzenteile absterben lassen. Schneiden Sie die Stängel handbreit über den Knollen ab.**
- **Mit der Grabegabel die Stöcke vorsichtig lockern und herausheben.**
- **Ganz wichtig: jede Knolle bekommt jetzt ein Etikett, auf dem Farbe und Wuchshöhe stehen, und der Name, wenn man ihn noch weiß.**
- **Faulige Knollenteile mit einem scharfen, spitzen Messer herausschneiden. Diese Stellen mit Holzkohlepulver desinfizieren (Pulver im Grillkohlesack, Ruß vom Schornsteinfegen oder Kohlepulver in der Apotheke).**
- **Die ausgegrabenen Wurzelstöcke so legen, dass etwaiges Wasser in den hohlen Stängeln herausfließen kann.**

Meine Keller sind kühl und etwas feucht (ideal ist der Kartoffelkeller), die Knollen liegen einfach auf dem Boden. In kühlen, frostfreien Garagen oder Schuppen werden diese in Kisten geräumt und mit frischem, leicht feuchtem Sägemehl oder Sand aufgefüllt, bis die Stöcke bedeckt sind. So bleiben sie geschützt und trocknen nicht aus.

Bodenbearbeitung nach der Saison

Jeder Gärtner hat zum Thema Bodenbearbeitung seine eigene Auffassung. Boden im Herbst umgraben oder nicht, Mist einarbeiten oder nicht, durchhacken oder nicht. Viele dieser widersprüchlichen Aussagen lassen sich mit der jeweiligen Beschaffenheit der Böden erklären (siehe Seite 16). Andere Arbeiten finde ich wichtig, die sollten oder müssen einfach gemacht werden, um im nächsten Frühjahr eine gute Bodenstruktur vorzufinden. Zu diesen Arbeiten gehören: auflockern, jäten und mulchen. Im Prinzip sind sie auch für alle Gartenbereiche anwendbar, teilweise aber in unterschiedlicher Arbeitsweise und Ausführung.

Umgegrabenes Gartenstück mit grob belassenen Erdschollen.

Der Boden in meinem Gemüsegarten ist zwar fruchtbar,mit hohem Humusanteil, aber auch sehr lehmhaltig, schwer und zu Verdichtungen neigend. Ich steche alle abgeräumten Beete im Herbst mit der Grabegabel um und lasse die Schollen grob liegen. Beete mit Gründüngungsaussaat arbeite ich gleichzeitig beim Umstechen ein. So können die Pflanzenreste in der Erde noch zu Humus umgewandelt werden. Alle Unkrautsämlinge, Wurzelteile und Rhizome, die im Gemüsebeet nichts zu suchen haben, ziehe ich mit der Hand heraus. Der Gartenbereich, der in der nächsten Gartensaison die Starkzehrer beherbergen soll, wird zusätzlich großzügig mit halbverrottetem Mist abgedeckt. Am Schluss wird das ganze Feld mit einer beliebigen Mischung organischer Stoffe gemulcht. Dafür eignen sich zum Beispiel Grasschnitt, Häckselgut und Laub. Dies schützt das ganze Beet vor Auswaschung, behält die Wärme im Boden, damit die Mikroorganismen noch einige Zeit arbeiten können, und nicht zuletzt unterdrückt es den Unkrautwuchs.

Zwiebelblumen setzen

Im September sind die Gartencenter, Märkte und Gärtnereien gut bestückt mit einer Vielzahl an Blumenzwiebeln verschiedenster Art. Die abgebildeten Blüten in ihrer schier unerschöpflichen Farb- und Formenpracht machen Lust, möglichst alle in den eigenen Garten zu pflanzen. Durch die verschiedenen Blütenzeiten, ihr Höhenwachstum sowie ihre Eigenschaft sich zu vermehren, lassen sich Blumenzwiebeln in alle Bereiche des Gartens integrieren. Sogar schattige Plätze unter Bäumen können bei der richtigen Auswahl zu wunderschönen Frühlingsteppichen werden. Bei all diesen tollen Eigenschaften muss ich leider zu bedenken geben, dass sich nicht alle Blumen für den Gemüsegarten eignen, was vor allem mit der Futtervorliebe von Wühlmäusen zusammenhängt. Einige Arten der Zwiebelblüher ziehen die gefräßigen Nager magisch an. Die nachfolgenden Empfehlungen beziehen sich auf meine Gärten und erheben natürlich keinen Anspruch auf Vollständigkeit.

CHECKLISTE

Diese Pflanzen sollten nicht in den Gemüsegarten:

- Tulpen, alle Arten und Formen
- Topinambur (zwar keine Zwiebel, aber die Knollen sind richtiges Lockfutter)

Diese Pflanzen mögen Wühlmäuse nicht:

- Kaiserkronen
- Narzissen, alle Arten, Formen und Größen
- Knoblauch
- Pfingstrosen

CHARLOTTES MISCHKULTURBEET *im September & Oktober*

Ernte-Endspurt bei den Hauptkulturen

- Tomaten können bis in den Herbst hinein beerntet werden, wenn der Sommer nicht zu niederschlagsreich war oder die Pflanzen bereits krank sind. Nicht ausgereifte Früchte (vor den ersten Frösten) erntet man, wickelt sie in Zeitung und lässt sie an einem dunklen Ort nachreifen. Auch wenn das Aroma nicht mehr so tomatig ist, kann man noch Soße oder ähnliches daraus kochen.
- Auch Zucchini sind ausdauernde Fruchtlieferanten. Im milden Klima des Maintals habe ich meine letzte (kleine) Zucchini noch Anfang November geerntet. Es lohnt sich also, die Pflanzen möglichst lange stehen zu lassen. Zumindest jetzt im Herbst können die Pflanzen noch ausgiebig beerntet werden.
- Unbeeindruckt von all dem Wechseln und Treiben um ihn herum steht der Mangold weiterhin beerntbar im Beet.
- Mit den ersten Frösten friert die Kapuzinerkresse Ende Oktober (spätestens Anfang November) einfach zusammen. Die Ringelblumen treiben oftmals nach leichten Frösten wieder neue Blüten.

Nachkulturen – letzte Aussaat und erste Ernte

- Ab Mitte September werden nach und nach die knackigen Endivien erntereif. Wer manche Köpfe kleiner erntet, schafft Platz für die anderen und streckt die Erntephase über einen möglichst langen Zeitraum.
- Winterharter Pflücksalat kann auch in die kalten Monate hinein noch lange beerntet werden.
- Feldsalat kann man bis Mitte des Monats noch direkt ins Beet säen.

Das Mischkulturbeet Ende Oktober:
Bis auf den Mangold endet die Erntesaison bei den verbliebenen Hauptkulturen (Tomate und Zucchini) und den Blumen spätestens mit den ersten Frösten. Dafür liefern Herbstsalate und Lauch noch frisches Grün.

DO IT YOURSELF!
Charlottes & Walburgas Gartenideen

Die Herbstmonate September und Oktober bescheren uns gerne noch eine reiche Ernte. Gut, wer da geeignete Lagermöglichkeiten hat und sich auch im Winter noch lange an fast frischem, knackigem Gemüse und Obst aus dem eigenen Garten erfreuen kann.

Wintergemüse und Kartoffeln lagern

In früheren Jahren, als die Selbstversorgung noch wichtig und gang und gäbe war, machte man sich über das Wo keine Gedanken. In jedem Hof und Haus auf dem Land, aber auch in den Städten waren kühle, dunkle Erdkeller vorhanden, die als Lagerstätte für alle Vorräte dienten. Heute verfügt kaum ein Neubau über einen geeigneten Keller. Wenn doch, ist hier meist die Heizung untergebracht und Fenster erhellen auch die hintersten Ecken. Auf unserem Hof gibt es sogar drei Erdkeller, jeweils Sandsteingewölbekeller mit ebensolchen Bodenplatten – mit dem Unterschied, dass sie verschieden tief in den Boden gegraben wurden. Feuchtigkeit und Temperatur sind daher abweichend und entscheiden über die Nutzung. Aber auch bei anderen Lagermöglichkeiten gilt: Gemüse und Obst immer separat voneinander unterbringen. Obst gibt bei Lagerung das Gas Ethylen ab, das Gemüse vorzeitig verderben lässt.

GUT ZU WISSEN

Moos ist ein idealer Feuchtigkeitsspeicher, da es kein Wasser abgibt und zugleich als „Deckel" ein toller Kälte- oder auch Wärmepuffer nach außen ist.

Speichergebäude auf dem Höfenhof.

Unsere Vorräte im Erdkeller

Für **Kartoffeln** ist dies der ideale Platz, da er kühl, dunkel und nicht zu trocken ist. Ich sammle meine verschiedenen Kartoffelsorten direkt auf dem Boden, jede Sorte für sich mit einer Holzabtrennung dazwischen, maximal 30 bis 40 cm aufgeschichtet. Das geht natürlich auch in einfachen Holzkisten. Die Knollen brauchen nicht zusätzlich mit Sand bedeckt werden. Kartoffeln dürfen in keinem Fall Frost ausgesetzt sein, dann sind sie ungenießbar. Daneben liegen auch **Kohlrabi** und **Steckrüben** direkt auf dem Boden. Die Wurzeln haben eine dicke Außenhaut und brauchen nicht noch zusätzlich in Sand gelegt werden, wenn der Keller nicht zu trocken ist. **Kopfkohl** wird an eine Querstange an die Decke gehängt, sodass sich die Pflanzen nicht berühren und die Köpfe durch Aufliegen keine Druckstellen bekommen. Für alle empfindlicheren, dünnschaligen Rüben und Wurzeln von **Rote Beten**, **Karotten**, **Pastinaken**, **Sellerie** und **Winterrettich** stelle ich große Eimer bereit. Jede Art für sich wird beginnend mit einer Schicht (Sand-Erde-Moosgemisch) abwechselnd, lagenweise in die Eimer gepackt, als Deckel dient ein dickes Moospolster. Zum Entnehmen einfach das Moos runternehmen und die Rüben Schicht für Schicht aus dem Sandgemisch holen.

In der Erdmiete

Es gibt verschiedene Möglichkeiten, Gemüse im Beet zu lagern. Eine Erdmiete funktioniert bei richtiger Anwendung immer, ist aber auch abhängig von der zu lagernden Menge. Man nutzt hier die natürliche Frostbarriere im Boden. Selbst bei strengem Frost frieren je nach Lage nur die obersten cm der Bodenschichten zu. Tief im Boden bleibt alles frostfrei. Im Prinzip kann man Gemüse direkt in einer Bodengrube einschichten oder verschiedene Behältnisse im Boden versenken.

In alten Landwirtschaftsbüchern wurde oft die Erdmiete im Gemüsegarten folgendermaßen beschrieben: im Beet wird eine Grube ausgehoben, ca. 40 bis 50 cm tief, der Aushub wird als Wall an die Seite geschichtet. Dann wird jede Gemüseart nacheinander ins Beet verteilt, mit Brettern abgedeckt, darüber als Isolation eine Strohschicht und darauf ein Bodenwall geschichtet. Im Frühjahr, wenn das Gemüse verwertet ist, wird das Beet wieder eingeebnet und bepflanzt. **Der Vorteil:** leichtes Graben im Garten, übersichtliche Lagerung für große Mengen, da nacheinander eingeschichtet. **Der Nachteil:** Die Miete muss jedes Jahr neu gebaut werden und bei Schnee kann sie nicht geöffnet werden.

Trotzdem, Erdmieten haben durchaus ihre Berechtigung. Viele Gartenbesitzer haben einfach keinen geeigneten Keller, um das Gemüse frisch und immer erreichbar über den Winter zu bringen. Eine einfache, aber funktionierende Idee ist es also, eine Grube auszuheben, die dauerhaft als Erdkühlschrank fungiert. Die feucht-kühle Erde hält das geerntete Gemüse frisch. Suchen Sie sich einen Platz in der Nähe des Hauses, der auch bei schlechtem Wetter gut zu erreichen ist. Empfehlenswert ist die Nordseite eines Gebäudes, wo vielleicht der Dachvorsprung als Wetterschutz dienen kann. Die Größe richtet sich dabei der Überwinterungsmenge und der Gestaltung der Grube. Heben sie ein etwa 50 bis 70 cm tiefes, viereckiges oder rechteckiges Loch aus und kleiden es mit feinmaschigem, sehr festem Maschendrahtzaun aus, als Wühlmausschutz. Den Boden legen Sie mit einer etwa 5 cm dicken Sandschicht als Drainage aus. Wenn Sie mit Walnussblättern auslegen, können Wühlmäuse das überhaupt nicht riechen.

Dann können Sie das geerntete Gemüse einschichten und mit Sand abdecken. Schreiben Sie sich aber auf, wo alles liegt und

Beginnend mit einer Schicht Sand-Erde-Moosgemisch werden die Lagerkarotten eng nebeneinander liegend in einem Eimer eingeschichtet …

… immer im Wechsel eine Schicht Karotten, eine Schicht Sand-Erde-Moosgemisch …

… wird die Schichtung dann mit dem Erdgemisch und einem dicken Moospolster oben auf abgeschlossen. So bleibt das Erntegut lange frisch und knackig.

wieviel davon. Auf die Grube werden wieder Bretter gelegt oder Sie bauen einen Deckel, der mit Styropor®-Platten an der Unterseite gedämmt wird. Anschließend decken Sie mit Strohballen oder Matten darüber als Isolationsschicht und als Abschluss großflächig mit einer Plane ab. Die beste Isolationsschicht als Deckel ist ein Teil der ausgegrabenen Erde, nur zum Entnehmen des Gemüses müssen Sie immer alles wegschaufeln, das ist unpraktisch. Wenn Sie die Grube mit einem gedämmten Holzdeckel schließen, müssen sie zur besseren Abdichtung noch Strohmatten oder sonstige Schichten darauflegen. Die Plane ist immer wichtig, damit kein Regenwasser in die Grube eindringen kann, denn das Gemüse würde sonst faulen.

Wer es gerne professionell mag, kann statt der Maschendrahtverkleidung auch eine besonders langlebige Erdmiete aus Lochgitter schweißen.

Auch das Eingraben einer alten Waschmaschinentrommel hat sich bewährt. Die vielen Löcher sorgen für einen guten Luftaustausch mit der feuchten Erde. Die stabile Trommel kann auch in labilere Erdschichten eingegraben werden. Bei Bedarf lassen sich auch mehrere nebeneinander vergraben. So können beispielsweise Äpfel in einer eigenen Trommel frisch durch den Winter kommen. Das zu grabende Loch sollte so groß sein, wie die Trommel dick ist – man lässt sie mit einem kleinen Rand aus der Erde schauen. Mit einem größeren, isolierten Deckel abschließen und dämmen wie oben beschrieben. Ich habe mal verschiedene Gemüsearten in einer Zinktonne mit Deckel überwintert und diese zusätzlich noch mit Sand abgedeckt. Die Entnahme war dann allerdings ein Glücksspiel. Ich sah das Gemüse nicht und musste sozusagen blind danach fischen. Im nächsten Jahr habe ich versuchsweise den Sand weggelassen und dafür den Deckel noch sorgfältiger und dichter abgedeckt. Das hat genauso funktioniert, das Gemüse blieb frisch und unbeschadet.

Letzten Endes ist die Art der Lagerung abhängig von den jeweiligen Gegebenheiten und der Menge an Erntegut, das eingelagert werden soll. Am besten probieren Sie nach vorhandenen Möglichkeiten aus, was Ihnen zusagt und bei Ihnen gut funktioniert.

DIE GUTEN INS TÖPFCHEN
Ernten & Rezeptideen

Die Herbstmonate sind für mich im Gartenjahr die schönsten. Das Laub der Bäume verfärbt sich in den kraftvollsten Farben, Herbststauden erlangen jetzt ihren Blütenhöhepunkt. Zusammen mit erntereifen großen Kohlköpfen oder satt blaugrünen Lauchstangen ergeben sich tolle Gartenansichten, die man für die Ewigkeit festhalten möchte. So schön alles ist, angebaut wurde es für die Küche. Was nicht eingelagert werden kann oder sowieso draußen bleibt, wird jetzt geerntet und verarbeitet. Dabei dürfen Sie aus dem Vollen schöpfen und Ihrer Kreativität freien Lauf lassen. So entstehen oft heißgeliebte Familienrezepte. Wir beschreiben hier nur einige Grundbeispiele als Inspiration für Ihre eigenen Vorlieben und Vorräte.

Das wird jetzt geerntet

Kartoffeln

Die ersten Frühkartoffeln werden schon im Juni, spätestens aber im Juli für den Frischverbrauch geerntet. Sie sind nach etwa 90 Tagen erntereif. Zu diesem Zeitpunkt legen sich die langen, dicken Stängel mit dem sich verfärbenden Kraut auf den Boden. Solange die Pflanze noch grünes Laub hat, wachsen die Knollen noch. Spätere Sorten, die für das Einlagern bestimmt sind, sollten im Boden bleiben, bis das Laub tatsächlich fast vollständig abgegangen ist; es also dürr, braun und eingetrocknet ist. Zu diesem Zeitpunkt sind die Kartoffeln lagerreif. Die Schale haftet fest an der Knolle und lässt sich nicht mehr abreiben. Die Knollen haben sich von den unterirdischen Wurzelstängeln vollständig gelöst. Lagerkartoffeln bleiben etwa 120 bis 160 Tage im Boden.

Vor allem alte, traditionelle Landsorten werden erst im September, Anfang Oktober geerntet. An einem trockenen, sonnigen Tag kann die Ernte beginnen. Mit einem Krail oder Karsch wird vorsichtig hinter die Kartoffelpflanze eingestochen und die ganze Pflanze mit Schwung herausgehackt. Wenn das Laub abgegangen ist, sind Verletzungen an Knollen oft nicht zu vermeiden, weil man nicht mehr genau sieht, wo sich die Knollen befinden. Gehen Sie deshalb behutsam vor. Die Knollen werden dann mit der Hand vom groben Dreck befreit und gleich sortiert, beschädigte und kleine Knollen bald in der Küche verbraucht. Setzkartoffeln lese ich auch gleich aus. Sie sind im Durschnitt ca. 5 cm groß, werden in Eimern mit Sand bedeckt und im Keller bis zum Frühjahr aufgehoben. Das Kartoffelkraut entsorge ich über die Abfalltonne. Die sparrigen Pflanzenreste lassen sich zwar in den Boden einarbeiten, verrotten aber schlecht.

Wurzelgemüse

Auch beim Ernten von Wurzelgemüse gilt die Vorgabe, dies bei trockenem Herbstwetter zu tun. Ich beginne mit dieser

Kartoffelernte: Die Regionalsorte 'Bamberger Hörnchen' bildet besonders leckere, hörnchenförmige Knollen.

Charlottes Tipp:

Dürres Kartoffellaub in einer Feuerschale oder Grillstelle verbrennen, danach kleine Kartöffelchen in der Glut garen – schmeckt herrlich!

Arbeit Ende September, Anfang Oktober. Mit der Grabegabel lockere ich die Wurzeln und Rüben vorsichtig, sodass ich sie mit der Hand aus dem Beet ziehen kann. Es lohnt sich hier wirklich, sorgfältig und ohne Eile zu arbeiten, denn schnell sind Wurzeln angestochen und verletzt. Sie müssen aussortiert werden, da Fäulnisbildung im Lager fast sicher ist und eine faule Rübe die anderen infiziert. Bei **Karotten**, **Sellerie**, **Kohlrüben**, **Rettichen**, **Pastinaken** und **Rote Bete** werden die Blätter mit der Hand abgedreht. Bei der Roten Bete sollten unbedingt ca. 2 cm Blattstummel stehen bleiben. Die Wurzel ist sehr empfindlich gegen das „Ausbluten", das heißt, zu tief entfernte Blätter lassen den charakteristischen roten Pflanzensaft austreten und Bakterien in die Wurzel eindringen. Eine schwarze, matschige Rübe ist das Ergebnis. Die Wurzeln werden nur grob von der anhaftenden Erde befreit, was bei trockenem Wetter fast von selbst geht. Auf keinen Fall darf man waschen oder mit dem Messer das Wurzelgeflecht von Sellerie oder Kohlrüben abschaben.

Kohlrabi lässt sich auch einfach überwintern – mit der Wurzel herausziehen und nur die Blätter grob entfernen. Seit Jahren baue ich die Sorte 'Superschmelz' an. Sie kann über Wochen geerntet werden und auch die großen Exemplare sind saftig und werden so gut wie nicht holzig. Mit der Größe nimmt der intensive Kohlgeschmack zu. 'Superschmelz' ist eine alte Kohlrabisorte, die langsam wächst und sich für den Ganzjahresanbau eignet. Wenn sie also speziell auch für die Einlagerung Gemüse anbauen möchten, achten sie besonders auf Winter- oder Lagersorten. Das ist auf den Samentüten oder in den Katalogen auch immer angegeben.

Kopfkohlsorten entwickeln sich im Laufe des Sommers oft zu großen, schweren Exemplaren. In Selbstversorgergärten stehen dann nicht nur ein oder zwei Pflanzen, die vor dem Winter noch in der Küche verarbeitet werden. In guten „Blattjahren" sind es oft ganze Körbe voll. Kopfkohl lässt sich einfach und problemlos einkellern. Ich lockere die recht festsitzende Wurzel wieder mit der Grabegabel und ziehe sie heraus. Dann entferne ich nur wenige große Außenblätter und solche, die durch Aufliegen auf der Erde Fäulnisstellen anzeigen. Zur Ernte müssen die Köpfe absolut trocken sein, sicherheitshalber lieber vor dem Einräumen einen halben Tag auf den Kopf stellen, damit Wasser und Feuchtigkeit zwischen den Blattschichten ablaufen kann. Wichtig ist, die Köpfe nicht unnötig zu drücken oder gar zu werfen, sie sind sehr empfindlich. Verletzungen sieht man oft erst nach Wochen, wenn die Fäulnisbildung schon eingesetzt hat. Sehr kleine Köpfe oder solche mit Rissen sollte man nicht einlagern. In einer Großaktion werden diese gleich mit Äpfeln gehobelt und zu klassischem Rotkrautgemüse oder Weißkraut zu „Bayerischkraut" gekocht und portionsweise eingefroren. Dieselbe Ernteweise, also mit Wurzel, gilt auch für sämtliche Wintersalate.

Wirsing bleibt auf dem Feld stehen und wird nacheinander geerntet und in der Küche verbraucht. Er lässt sich schlecht lagern, ich decke ihn mit Tüchern bei leichtem Frost ab. Er eignet sich aber auch zum Einfrieren, dann blanchiere ich vorher kurz die kleingeschnittenen Blätter.

Zucchini sind als ganze Frucht nur begrenzt haltbar. Wer sie konservieren will, friert sie am besten in Stifte geschnitten ein.

Weißkraut, insbesondere der feinblättrige Spitzkohl Filderkraut, wird meist zur Sauerkrautherstellung angebaut. Die Ernte bei trockenem Wetter ist auch hier ratsam. Sollten die Köpfe nicht gleich eingeschnitten werden, können sie in dichten Holzkisten zwischenlagern. Strunk und alle großen Außenblätter entfernt man, schichtet mit Bedacht in die Kisten und deckt als Frostschutz mit Heu oder Stroh ab. Ist die Kiste kühl und trocken aufgestellt, halten sich die Köpfe einige Wochen. Sie kann als Winterlager dienen, auch für Kürbisse.

Fruchtgemüse

Selbst die gesündesten **Zucchini**pflanzen stellen irgendwann ihre Fruchtproduktion ein. Die Pflanze bekommt dürre Blätter und stirbt langsam ab, das geschieht meist so ab Anfang, Mitte September. Die Früchte wachsen auch nicht mehr weiter und können alle geerntet werden, egal welcher Größe. Bei kleineren Exemplaren ist die Schale noch sehr weich, sie sollten nur noch ein paar Tage in den Kühlschrank und müssen dann gleich verbraucht werden. Größere, mit fester oder schon harter Schale, lassen sich in einem Korb an der kühlen Hauswand noch ein paar Wochen aufheben. Frost dürfen sie allerdings nicht abbekommen. Es ist auch möglich, Zucchini einzufrieren – gerieben für Suppen und in Stifte oder Scheiben geschnitten für Gemüsegerichte. Man verteilt sie roh in geeignete Portionsbehältnisse – und ab in die Truhe.

Die Haupterntezeit bei **Tomaten** zieht sich bei uns bis in den September hinein. Die Pflanzen tragen noch reichlich grüne Fruchttriebe, die hoffentlich noch alle ausreifen. Oft wird dann das Wetter zum Problem. Es wird noch viel Sonne und Wärme gebraucht. Wenn nach vielen warmen, trockenen Tagen eine Regenperiode einsetzt, platzen zahlreiche Früchte im Freiland vorzeitig auf. Das ist nicht schädlich, aber ärgerlich. Jeden Tag durchgehen, ernten, was weg muss, und Tomatensuppe, Ketchup oder Soße daraus kochen. Heiß abgefüllt in Gläsern halten sie im kühlen Keller gut einige Wochen. Einfrieren geht natürlich auch. Auch Früchte mit Blütenendfäule oder Frucht- und Stängelfäule können noch in der Küche verarbeitet werden. Dafür die betroffene Stelle rausschneiden, der Rest der Tomate ist einwandfrei.

Nach und nach reifen auch die **Spitzpaprika** im Garten heran. Am besten frisch in der Küche verwenden oder zu Chutney, Relish oder Mixed Pickles verarbeiten. Gerne koche ich gerade in Erntezeiten viele Rezepte mehrfach. Dann steht ein großer Topf mit angebratenem Rindergulasch auf meinem Holzherd und schmort noch mit Tomaten und anderen Gemüsen. Portionsweise eingefroren ist das ein toller Bestandteil meiner

GUT ZU WISSEN

Die Blütenendfäule ist ein Kaliummangel. Die Pflanze kann bei unregelmäßiger Wasserversorgung das Mineral nicht richtig aufnehmen. Die Frucht- und Stängelfäule ist ein Pilz, wird durch Regen und Wind übertragen und tritt über kleine Risse oder Scheuerstellen in die Pflanze ein. Bei beiden entstehen an der Frucht schwarze Vertiefungen.

Auch Tomaten mit Blütenend-, Frucht- und Stängelfäule können noch in der Küche verarbeitet werden, wenn die Fäulestellen großzügig ausgeschnitten sind.

Vorratshaltung, denn Paprika roh oder blanchiert einzufrieren schmeckt nicht.

Gartenkräuter für den Winter

Den ganzen Sommer über können Gartenkräuter laufend frisch geschnitten werden. Jetzt im Herbst ist die Zeit fürs Trocknen vorüber – was den langen, oft nebelfeuchten Morgenstunden geschuldet ist. Je nachdem, wie sich das Wetter entwickelt, sind die Pflanzen auch nicht mehr in Topform. Junge Triebe werden fast keine mehr gebildet. Einjährige Kräuter bekommen dann gelbe Blätter und sterben langsam ab. Damit die gesunde Würze im Winter noch zur Verfügung steht, werden Basilikum, Schnittlauch, Liebstöckel und viele andere auf unterschiedliche Weise konserviert. Auch vermeintlich überflüssiges Gemüsekraut, das zuhauf beim Einlagern von Rüben und Wurzeln anfällt, kann hier Verwendung finden. Für jedes Kraut gibt es ein oder mehrere passende Trägermaterialien, denn viele Kräuter können nicht ohne Einbußen getrocknet oder eingefroren werden. Der Geschmack ist dann oft weg. Im Laufe meiner vielen Gärtnerjahre haben sich ein paar Rezepte und Vorgehensweisen bewährt und sind fester Bestandteil meiner Selbstversorger-Hauswirtschaft.

Tipps zum Haltbarmachen für Gartenkräuter

Mit Salz trocknen

Basilikum, **Peterle**, **Bohnenkraut und -Blüten**, **Pastinakenkraut**, **Sellerie- und Karottengrün**. Einzeln verlesen, dabei nur die guten Triebe verwenden, mit Küchentuch trockentupfen, sehr klein schneiden oder wiegen, mit etwa einem Drittel Salzmenge vermischen und, auf einer Platte oder Tablett verteilt, an einem trockenen, warmen Ort im Haus trocknen lassen. Danach kann das Salz noch grob gemahlen oder gemörsert werden. Anschließend füllt man in Gläser ab. Diese Konservierungsart eignet sich besonders für Pflanzen, die zwar intensiv aromatisch in frischem Zustand schmecken, getrocknet aber fast komplett ihren Geschmack verlieren, wie z. B. Bärlauch.

In Kräuterbutter

Blätter und Blüten von **Kapuzinerkresse** und **Borretsch**, Stängel und Blüten vom **Schnittlauch**, **Liebstöckel**, **Dahlienblüten**, **Ringelblumenblüten**. Man lässt ein Stück Butter, je nach Menge der Kräuter, in einer Schüssel bei Zimmertemperatur weich werden und zerdrückt sie etwas mit einer Gabel. Dann knipst man die Blätter von den Stängeln ab, zupft die Blütenblätter aus, schneidet alles klein und würzt mit etwas Salz, Pfeffer und wenig Curry. Portionsweise in kleine Plastikbehälter gedrückt und eingefroren ergibt das eine tolle Tutti-Frutti-Butter. Und sie hält sich so noch einige Wochen.

In der Gefriertruhe

Petersilie, **Schnittlauchstängel**, **Lauch**. Petersilie und Schnittlauch separat kleinschneiden, in Eiswürfelschalen drücken, mit Wasser auffüllen, einfrieren. Die Würfel können nach dem Gefrieren in einer Tüte gesammelt und nach Bedarf in Suppen und Soßen gegeben werden.

Rezeptideen aus Garten & Natur

ROTKRAUT-MEHRFACH-REZEPT ZUM EINFRIEREN

WIR BENÖTIGEN DAZU:

3-4 kleinere Rotkrautköpfe
1 Teelöffel Salz
Gut 1 Esslöffel Zucker
1 Zwiebel
1 gehäuften Kochlöffel Schweineschmalz
Etwa 6–10 Esslöffel Himbeeressig
Saft einer Orange und genauso viel selbstgemachter Johannisbeersaft
Etwa 5 Nelken und 2 Lorbeerblätter
2–3 Esslöffel Quittenmarmelade

SO WIRD'S GEMACHT:

➔ Kraut putzen, vierteln und den Strunk entfernen, Teile am besten mit der Küchenmaschine in dünne Streifen schneiden.

➔ In einer Schüssel zusammen mit dem Essig, Salz, Orangen- und Johannisbeersaft gut durchkneten.

➔ Inzwischen die Zwiebel schälen, in kleine Würfel schneiden.

➔ Schmalz in einen geeigneten, weiten Topf geben, darin die Zwiebel kurz dünsten, Zucker zugeben und verlaufen lassen. Kraut hinzufügen und unter Wenden andünsten, eventuell etwas Wasser nachgießen. Quittenmarmelade, Nelken und zerkleinerte Lorbeerblätter in einem Teeei zugeben und bei gemäßigter Hitze ca. 30 Minuten weiterdünsten (das Kraut sollte noch etwas bissfest sein).

➔ Auskühlen lassen und einfrieren.

DREI-IN-EINS-REZEPT MIT QUITTE: TEE, KONFEKT UND GELEE

WIR BENÖTIGEN DAZU:

Quitten
Gelierzucker
Zitrone

SO WIRD'S GEMACHT:

TEE

➔ Quitten schälen und die Schalen über dem Ofen, im Dörrautomaten oder an der Luft trocknen lassen. Ein feiner Zusatz für Früchtetees!

QUITTENKONFEKT

➔ Topf mit wenig Wasser füllen und Saft von einer Zitrone zugeben. Die geschälten Quitten vierteln, Kerngehäuse entfernen, kleinschneiden und jeweils direkt in den Topf geben. Der Zitronensaft beugt dem schnellen Braunwerden vor. Die geschnittenen Früchte sollten im Topf gerade so mit Wasser bedeckt sein.

➔ Aufkochen und solange köcheln lassen, bis die Quitten weich sind.

➔ Quittenstücke durch Sieb abseihen und mit einer Gabel auspressen. Den abgeseihten Saft in einem extra Topf zur Seite stellen.

➔ Weiche Quittenstücke pürieren und das Mus mit 3:1 Gelierzucker und Zitronensaft nochmal aufkochen und auf ein mit Backpapier ausgelegtes Backblech ausstreichen, erkalten und erhärten lassen. Später in kleine Rauten schneiden. Unglaublich lecker mit Zartbitterschokolade ummantelt!

➔ Variation ohne Zucker: Mus direkt auf Backblech geben und 2 bis 3 Stunden im Ofen bei etwa 50 °C und leicht geöffneter Ofentür die Feuchtigkeit ausdampfen lassen. Noch besser über Nacht über dem warmen Holzofen ziehen lassen. Ergibt eine zähe, trockenobstähnliche Platte. Entfaltet sein volles Aroma beim Kauen!

QUITTENGELEE

➔ Den beiseite gestellten Quittensaft mit Gelierzucker nach Rezept zu Gelee einkochen. Kann nach Geschmack mit Zimt oder Nelken verfeinert werden.

➔ Heiß in Schraubgläser füllen und verschließen.

Bild rechts: Vielseitige Quitte – Mus, Gelee, Konfekt und Saft mit dem unvergleichlichen Aroma.

WAS DIE OMA SCHON WUSSTE
Wertvolles Wissen wiederentdeckt

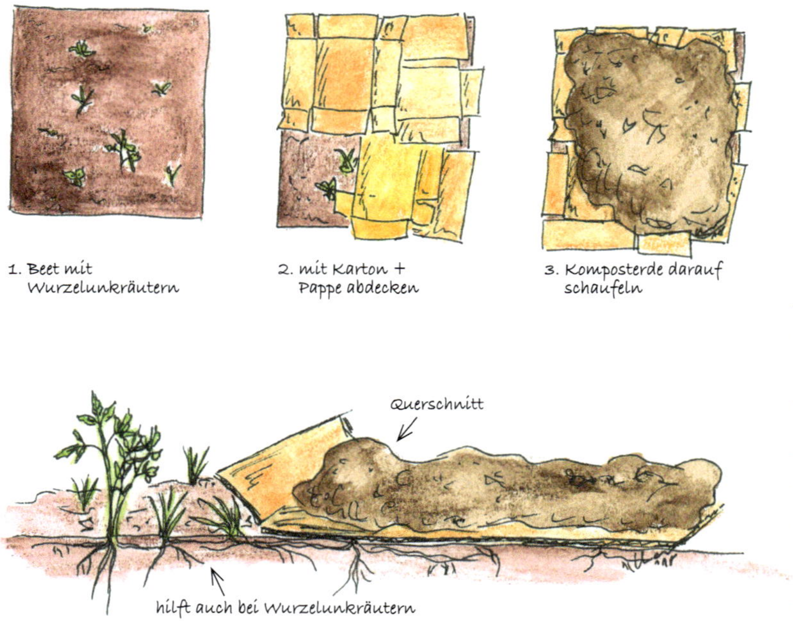

Mulchen mit Karton und Erde, um ungeliebte Wurzelunkräuter loszuwerden: Giersch und Co. auf der Fläche abzupfen, großzügig mit Pappkarton abdecken und so viel Erde darüber werfen, dass die Schicht etwa 1 Jahr liegen bleiben kann.

Ende Oktober geht die Blüte der meisten Herbststauden ihrem Ende entgegen. Im Garten eifern noch die letzten Restblüten später Herbstastern mit ein paar Nachzüglern von Ringelblumen oder Löwenmäulchen. Dahlien sind ausgegraben und eingeräumt und die empfindlichen Kapuzinerkressen liegen, vom Frost erfasst, matschig ausgebreitet auf den Beeten. Viele Stauden und Gräser sehen auch im verblühten Zustand toll aus. Im Bewusstsein des Vergänglichen vermitteln die Spätherbstbeete eine faszinierende, melancholische Stimmung. Die Beete bleiben bis in den Winter hinein so stehen. Sie erfreuen unser Auge mit von Raureif überzogenen Samenstängeln und die Vögel mit einem gedeckten Tisch.

Unkraut oder Beikraut?

Normalerweise räume ich erst im Spätwinter die Beete ab, schneide die trockenen Staudenbüsche zurück und jäte das Unkraut dazwischen. Doch alle paar Jahre mache ich das schon im Herbst. Viele Stauden haben sich so ausgebreitet, dass sie mal wieder halbiert werden müssen, um andere nicht zu sehr zu bedrängen. Auch neigen einige Prachtstauden mit den Jahren von innen heraus zum Verkahlen und müssen verjüngt werden. Und natürlich gibt es auch bei mir das Problem mit den Unkräutern oder, wie ein Gartenfreund sie etwas entspannter nennt, den „Beikräutern". Genauer betrachtet findet man in jedem von Menschenhand kultivierten Gartenstück Pflanzen, die von alleine kommen und die wir eigentlich nicht wollen. Als junge Frau haben mich diese „ungebetenen Gäste" oft schier zur Verzweiflung getrieben. Die Beete sollten doch immer gepflegt und unkrautfrei sein. Aber die Realität sieht ein bisschen anders aus. Ich habe verstanden, die Beikräuter mit anderen Augen zu betrachten. Viele dieser Pflanzen handeln ganz naturgetreu, da sie offene und damit erosionsgefährdete Böden rasch bedecken, beispielsweise Löwenzahn oder Breitwegerich. Einige schmecken auch noch gut oder lassen sich als natürliche Mulchschicht nutzen, beispielsweise Vogelmiere oder Gundermann. Ich versuche in meinen Gärten, die positiven Eigenschaften dieser Kräuter für mich zu nutzen und mit den negativeren etwas entspannter umzugehen. Alte Gärtnerweisheit: „Traue keinem Garten, in dem kein Unkraut wächst!"

Was tun gegen Wurzelunkräuter?

Viele dieser Beikräuter wandern in meine Küche oder werden für die Hausapotheke verarbeitet. Andere, wenn sie Gemüsesämlinge bedrängen sollten, werden einfach ausgerissen und als Mulch liegen gelassen. Als Steigerung sind die Rhizom-Kräuter zu nennen, die auch ich als richtige Unkräuter bezeichne, denn sie lassen sich nicht einfach so herausreißen. Dazu gehören Quecken, Zaunwinden und Giersch. Um diese drei wirklich los zu werden, müssen Sie konsequent und mit verschiedenen Methoden dagegen vorgehen. Außerdem, ganz wichtig, Sie brauchen einen langen Atem und Durchhaltevermögen. Mit etwas Glück werden Sie schon in einem Jahr als Sieger vom Platz gehen. Bei größerer beziehungsweise langjähriger Unkrautaktivität kann es durchaus auch Jahre dauern. Im schlimmsten Fall werden Sie die Pflanzen nie mehr los. Ich möchte Ihnen ein paar Angriffsmöglichkeiten aufzeigen, die tatsächlich funktionieren, aber auch solche benennen, die eher ins Gegenteil umschwenken. Ein alter Gärtnerspruch zu diesem Thema lautet: „Giersch ist im Frühling ein vitaler Jüngling und im Herbst ein schwacher Greis." Demzufolge werden Wurzelunkräuter im Frühjahr mit anderen Methoden bekämpft als im Herbst:

Was Sie tun können:

- Giersch treibt relativ früh aus, die ganz jungen, weichen Blätter eignen sich gut als Salatbeigabe – einfach oberflächlich abpflücken.

Die folgenden Tipps gelten auch für Quecke und Zaunwinde:

- Die abgepflückten Stellen mit Kartonschichten oder schwarzer Folie abdecken, gut 20 cm überstehen lassen, dann mit Erde kaschieren.
- Wenn nicht gemulcht werden kann (etwa im dichtbewachsenen Staudenbeet), die grüne Blattmasse konsequent abzupfen, nicht herausreißen. Durch Abbrechen der Rhizome entstehen immer neue Pflänzchen. Durch das ständige Abpflücken nimmt man der Pflanze nach und nach die Kraft zum Ausbreiten.
- Im Herbst, so ab Oktober, kann man versuchen, die Erde vorsichtig und gut zu lockern und alles, was man an Wurzeln findet, herauszuziehen. Die weißen, dünnen Rhizome brechen aber sehr leicht ab.
- Sollten ganze Staudenballen mit Rhizomen durchzogen sein, hilft das totale Entfernen der Erde. Mithilfe eines Wasserschlauchs und einer verstellbaren Spritzdüse geht das relativ einfach. Danach sieht man die ungebetenen Wurzelschnüre sehr gut und zieht diese vorsichtig heraus.

Querschnitt Gierschpflanze mit unterirdischen Ausläufern: ein dichtes, hartnäckiges Netz, das den Gärtner durchaus verzweifeln lassen kann.

Was Sie nicht tun sollten:

- Während der Sommermonate mit einer Hacke die Blattnester durchhacken; damit sorgen Sie nur für kontinuierlichen Pflanzennachwuchs. Aus jedem Teilstück entsteht nämlich ein Jungtrieb.
- Giersch nur dünn mit Grasschnitt, Laub oder Heckenschnitt abdecken. Die Pflanze betrachtet dies als vitalisierende Düngegaben und wird umso kräftiger durchstarten.

Es gibt aber auch Bereiche, wo es überhaupt nicht stört oder es sogar sinnvoll sein kann, dass Giersch sich ausbreitet:

Im Beerengarten: Hier wächst Giersch als lebende Mulchdecke zwischen den Beerensträuchern, schützt die flachwurzelnden Hecken zusätzlich vor dem Austrocknen und kann den ganzen Sommer über immer wieder beerntet werden.
Im Staudenbeet: In naturnahen Staudenpflanzungen mit Rosen und Gehölzen ist es nicht möglich, diese aus dem Boden zu nehmen und von Rhizomen zu befreien. Auch das dichte Abdecken des Wurzelbereiches mit Kartonagen ist nicht von Erfolg gekrönt. Gierschtriebe werden immer einen Weg ans Licht finden. Und eigentlich sehen blühende Gierschpflanzen richtig toll aus. Der ungebetene Eindringling kann auch oberirdisch kurzgehalten werden, dann stört er zwischen größeren Rosen und Gehölzen nicht weiter.

Unkrautfrei in den Winter

Die Gemüsebeete werden im Herbst nach der Ernte gelockert, gejätet und gemulcht. Während der Wintermonate findet ja keine Bodenbearbeitung statt. Sollte auch nicht, die Böden dürfen sich ausruhen. Meist sind sie ohnehin dermaßen nass bis wassergetränkt aufgrund der mittlerweile oft regenreichen Wintermonate, dass ein Betreten sträfliche Folgen hätte. Die schlechte Nachricht: Unkraut wächst auch im Winter! Deshalb ist es wichtig, brachliegende Flächen auch über den Winter mit einer Mulchschicht zu bedecken. Das schützt den Boden vor Auswaschungen und unterdrückt das Unkrautwachstum.

Walburgas Tipp:

Wenn ich vom Pflanzentauschtag Staudenstücke mitnehme, wasche ich auch die Erde aus dem Wurzelballen heraus, um eventuelle Unkräuter herauszuziehen, bevor ich sie im Garten einpflanze.

Bild rechts:
Nicht nur Unkraut: Die weißen Blütendolden von Giersch und Bärenklau passen ganz wunderbar zum Rot des Staudenmohns.

NOVEMBER & DEZEMBER

Jetzt kehrt Ruhe ein

WAS IST ZU TUN IM NOVEMBER & DEZEMBER?

- Überwinterungsgemüse im Garten schützen und stützen.
- Staudenrabatten jäten und mit Kompostmischungen mulchen.
- Sträucher und Hecken lassen sich gut nach Laubfall schneiden.
- Laub von Bäumen und Sträuchern je nach Art zum Mulchen, zur Flächenkompostierung, als Winterschutz oder zur Kompostgewinnung verwenden.
- Geeignete Pflanzenstängel für Insektenhotel aufheben.
- Vogelfutter selbst herstellen.

GARTENPRAXIS
Nach der Saison ist vor der Saison

Die arbeitsruhigen Wintermonate sind eine gute Gelegenheit für einen kleinen Rückblick auf die letzte Saison und ihre Besonderheiten. Ideal, wenn man dazu einfach nur sein Notiz- oder Tagebuch durchsehen muss. Wer keines hat, sollte darüber nachdenken, jetzt schon eines für die kommende Gartensaison anzulegen. Es hört sich zunächst nach zusätzlicher Arbeit an, neben der ohnehin schon umfangreichen Gartenarbeit, auch noch ein Gartentagebuch zu führen – vielleicht auch etwas langweilig und angestaubt, heute in Zeiten von Smartphones. Dennoch, viele Notizen, Infos, Adressen, Skizzen oder Pläne passen besser in ein Heft. Dieses lässt sich individuell gestalten und als langjähriges Nachschlagewerk nutzen. Ich notiere darin die Gemüseanbaupläne und Anmerkungen zu Sorten, die neu ausprobiert werden: Wo sie gekauft wurden, wie sie sich im Garten entwickelt oder ob sie der Familie auch geschmeckt haben. Eine Monatsaussaatliste findet sich hier ebenso wie mein persönlicher phänologischer Kalender und Wetterbeobachtungen, aber auch Ideen zur Staudenbeetgestaltung. Schlussendlich schreibe ich alles hinein, was ich tue und für wichtig halte. Man kann sich diese Momentaufnahmen unmöglich alle merken. Am Ende des Jahres ist das Heft voll und hat sich zu einem wertvollen Ratgeber und Nachschlagewerk entwickelt, das sich ausschließlich mit dem eigenen Garten befasst. Es macht mir richtig Spaß und ich mache mir auch ein bisschen Mühe, das Buch zu gestalten. Stichworte, bunte Bilder und Zeichnungen kann man sich besser merken als reinen Text. Es ist viel zu schade, mit in den Garten genommen zu werden. Stattdessen kopiere ich die Gemüsepläne auf einen Bogen und stecke für schnelle Gedanken ein kleines Notizbuch samt Stift in die Gärtnerschürze. So vergesse ich auch beim Arbeiten nichts. Auf Gartenfahrten, bei Besichtigungen oder Gärtnereibesuchen stecke ich mir ein Reisebuch in die Handtasche, um Sortennamen von Pflanzen aufzuschreiben, die mir gefallen, oder Dekoideen zu skizzieren. Aus Erfahrung weiß ich, dass die wenigsten Handyfotos ausgedruckt werden, sie verschwinden meist in der Menge der Bilddateien.

November & Dezember: Trotzen auch frostigen Temperaturen: Lauch, Rosenkohl und Topinambur.

Charlottes Tipp:

Da im November & Dezember im Garten wenig los und ohnehin viel zu oft schlechtes Wetter ist, kann man die Zeit gut nutzen, um in alten Gartentagebüchern zu blättern und die Saison Revue passieren zu lassen. Dabei kann man schon mal ein bisschen für die nächste Gartensaison vorausplanen und überlegen, was man vielleicht anders machen oder neu ausprobieren will. Vieles, was ich mir so unter der Saison notiere, geht im Anschluss erstmal unter. Deshalb habe ich mir angewöhnt, alles, was ich mir ausdrücklich merken will, an den Rand meiner Notizbuchseiten zu schreiben. So finde ich es beim Durchschauen später schnell wieder. Egal, ob es sich um einen Vermerk zu Anbaumängeln wie eine zu späte Aussaat, eine interessante Sorte, die es auszuprobieren gilt, oder einen guten Tipp von befreundeten Gärtnern handelt.

AB IN DEN BODEN!
Das Gartenjahr im Bauerngarten

In den letzten Jahren hat man die globale Klimaveränderung im eigenen Garten doch schon deutlich zu spüren bekommen. Nicht nur, dass die Sommer heißer werden, die Obstblüte früher beginnt und auch der Herbst länger dauert. In meiner Kindheit war der November schon ein Wintermonat mit Schnee, Sturm und Kälte. Bei uns auf dem Land war es deshalb üblich, bis Allerheiligen (1. November) mit der Gartenarbeit fertig zu sein. In den letzten Jahren stand er uns Gärtnern aber eher noch als Spätherbstmonat zur Verfügung. Man muss sich nicht mehr so beeilen, alle Gartenarbeiten bis dahin erledigt zu haben. Auch wenn es noch den einen oder anderen Wintereinbruch gibt, ist doch der Schnee meist genauso schnell wieder weg, wie er gekommen ist. Der November und manchmal auch noch der Dezember sind so für mich geschenkte Aufräummonate geworden.

Wintergemüse im Garten

Alles, was frostempfindlich ist, wurde geerntet und verarbeitet. Das Lagergemüse ist im Keller oder in der Erdmiete untergebracht. Jetzt stehen nur noch Sorten auf den Beeten, die robust sind oder durch Frost erst an Geschmack gewinnen. Mit ein paar einfachen Kniffen können Sie diese Pflanzen unterstützen, dem Winter im Garten möglichst unbeschadet zu trotzen.

Grünkohl, Braunkohl und Rosenkohl: Damit die hochgewachsenen Gemüsepflanzen nicht von Sturm oder Schnee umgedrückt werden, binde ich sie auf. Für die Maßnahme lohnt es sich, übers Jahr viele ca. daumendicke Stecken vom Baum- und Heckenschnitt oder aus dem Wald zu sammeln. Dicht neben den Pflanzen, ca. 20 bis 30 cm tief, werden diese in die Erde gesteckt und zwei-, dreimal mit einer Schnur am Gemüse fixiert. Wenn er im Winter draußen bleiben soll, wird die Triebspitze nicht gekappt, das würde die Frosthärte nachteilig beeinträchtigen.

Lauch: Als klassisches Wintergemüse bleibt Lauch im Winter im Beet stehen – vorausgesetzt, Sie haben einen Winterlauch gesetzt wie die alte Sorte 'Blaugrüner Winter'. Um die Wurzeln zu schützen und die Schäfte noch etwas zu bleichen, sollte das Gemüse im Herbst nochmal richtig angehäufelt werden.

Gemüsegarten im November: Die Bäume rundherum sind schon kahl, im Beet steht noch das Wintergemüse.

Zum Schutz vor Sturm und Schneedruck werden die hochgewachsenen Grünkohlpflanzen an einem Stecken aufgebunden.

Mangold: Auch er übersteht den Winter besser, wenn er leicht angehäufelt und mit Reisigästen abgedeckt wurde.

Schwarzwurzel und **Haferwurzel** können gut auch ohne Schutz im Beet bleiben.

Arbeiten im Staudengarten

Viele Staudenbeete sind, bestückt mit Herbstblühern und Gräsern, bis in den November hinein eine wahre Augenweide. Ich lasse gerne abgeblühte Blütenstände stehen. Das sieht gut aus, strukturiert die Beete und dient gleichzeitig noch als Nahrungsquelle für Vögel im Winter. Ab Mitte Oktober lockere ich den Boden zwischen den Stauden, entferne Unkraut und versetze Sämlinge. Anschließend mulche ich den Boden mit einer Mischung aus halbverrottetem Mist, gehäckselten Grüngutabfällen, Laub und Grasschnitt. Die organischen Stoffe verrotten zum größten Teil über den Winter und düngen dadurch den Boden. Als lockere Mulchschicht ausgebracht, schützt dies gleichzeitig Boden und Stauden vor tiefen Frosttemperaturen.

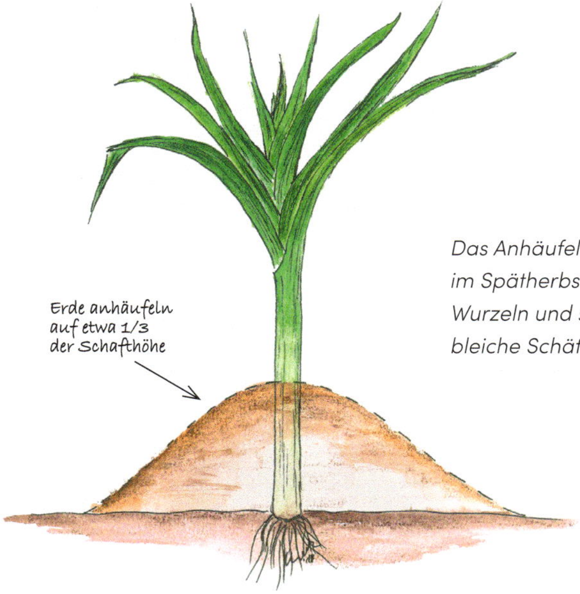

Das Anhäufeln von Lauch im Spätherbst schützt die Wurzeln und sorgt für zarte, bleiche Schäfte.

Strauch- und Heckenschnitt

Die Pflege der Hecken findet in der arbeitsärmeren Zeit im Spätherbst statt. Um die Heckensträucher zu verjüngen und damit die Blütenbildung anzuregen, werden sie geschnitten und ausgelichtet. Alle dicken, alten Triebe werden herausgeschnitten, ebenso zu dicht stehende Äste. Teilweise kürze ich auch das Längenwachstum ein. Ich schneide jedes Jahr, sodass es nie große Einschnitte gibt. Die meisten Blütensträucher verzeihen fast alle Schnittmaßnahmen, selbst wenn es doch mal zu stark war. Wichtig ist bei jedem Schnitt zu beobachten, wie die Pflanze reagiert. Danach werden die Heckenreihen mit einer Mulchschicht abgedeckt. Diese setzt sich zusammen aus Laub, letztem Grasschnitt, Gartenhäcksel, Strohmist (falls vorhanden, egal von welchen Tieren) und Hornspänen. Die aufgeführten Materialien werden gemischt und ca. 10 bis 20 cm hoch rund um die Sträucher aufgeschichtet. Durch die langsame Verrottung der organischen Materialien stehen diese im Frühjahr bei Neuaustrieb der Pflanze zur Verfügung. Ein weiterer Pluspunkt dieser Maßnahme: Sämtliche unerwünschten Beikräuter werden unterdrückt. Dieses „Versorgungspaket“ eignet sich auch toll für Strauch- und Kletterrosen.

Mehrjährige Kräuter im Heilpflanzengarten

Dieser Gartenbereich ist auch im verblühten Zustand ein faszinierendes und lebendiges Refugium. Die vielfältigen Pflanzengemeinschaften bieten vielerlei Insekten Schutz und Nahrung. Deshalb finden in diesem Garten im Herbst keinerlei Schnitt- und Pflegearbeiten statt. Zum einen dient das verbleibende Kraut als besonderer Schutz für empfindliche Kräuter, zum anderen können sich die Tiere einen ungestörten Winterplatz suchen. Viele ein- und zweijährige Kräuterpflanzen samen sich auch gerne und gewollt aus, die kleinen Sämlinge würden durch intensive Jätearbeiten übersehen und ausgerissen. Deshalb bleibt hier im Spätherbst alles wie es ist.

Charlottes Tipp:

Schnittgut von unseren Obstbäumen und Sträuchern verwerte ich in der Regel vollständig im Garten weiter. Gerade gewachsene, dickere Äste, die sich als Pflanzpfosten eignen, werden entrindet, zugespitzt und aufgehoben, bis sie Verwendung finden. Grobe, krumm gewachsene Äste schneide oder säge ich kleiner und stapele sie zum Trocknen für Ofen oder Lagerfeuer. Lange, gerade Haselrouten eignen sich prima als Stützstecken für Paprika, Andenbeere oder wackelige Sonnenblumen. Alles andere an Ästen und Reisig stapele ich an verschiedenen Ecken komprimiert zu wilden Haufen, die Löcher in der Hecke „kindersicher" (heißt ausbruchssicher) machen und diversen Tieren Unterschlupf bieten.

Neblig feuchte Spätherbststimmung im Gemüsegarten.

CHARLOTTES MISCHKULTURBEET *im November & Dezember*

Ruhezeit, aber nach der Saison ist vor der Saison …

- Der Mangold kann bis in den Frühling hinein noch gelegentlich beerntet werden. Im kommenden März räumt er dann für die Folgekultur seine Reihe, bevor er zu schießen beginnt.
- Auch der Feldsalat kann um diese Jahreszeit noch frisches Grün liefern. Wegen der Nitrateinlagerung am besten an sonnigen Tagen mittags ernten.
- Unermüdlich blüht die Ringelblume bis zu den ersten starken Frösten.
- Freigewordene Beetteile am besten mulchen, um Unkraut zu unterdrücken und eine übermäßige Ausschwemmung von Nährstoffen zu verhindern. Dafür nimmt man einfach im Garten verfügbares Material: Blätter, letzter Rasenschnitt, Heu, Stroh, Mist, grober Kompost – gerne auch alles gemischt. Wer nur mit Pflanzenmaterial mulcht, gibt besser noch etwas Gesteinsmehl hinzu. Der in dieser Form leicht verfügbare Stickstoff dient den Mikroorganismen als Zersetzhilfe und verhindert, dass bei der Zersetzung die Stickstoffvorräte im Boden geleert werden.

Das Mischkulturbeet Ende Dezember: Die Herbstsalate sind größtenteils abgeerntet. Vielleicht stehen noch einzelne Pflanzen, auch Lauchstangen, im ansonsten gemulchten Beet. Der robuste Mangold überwintert.

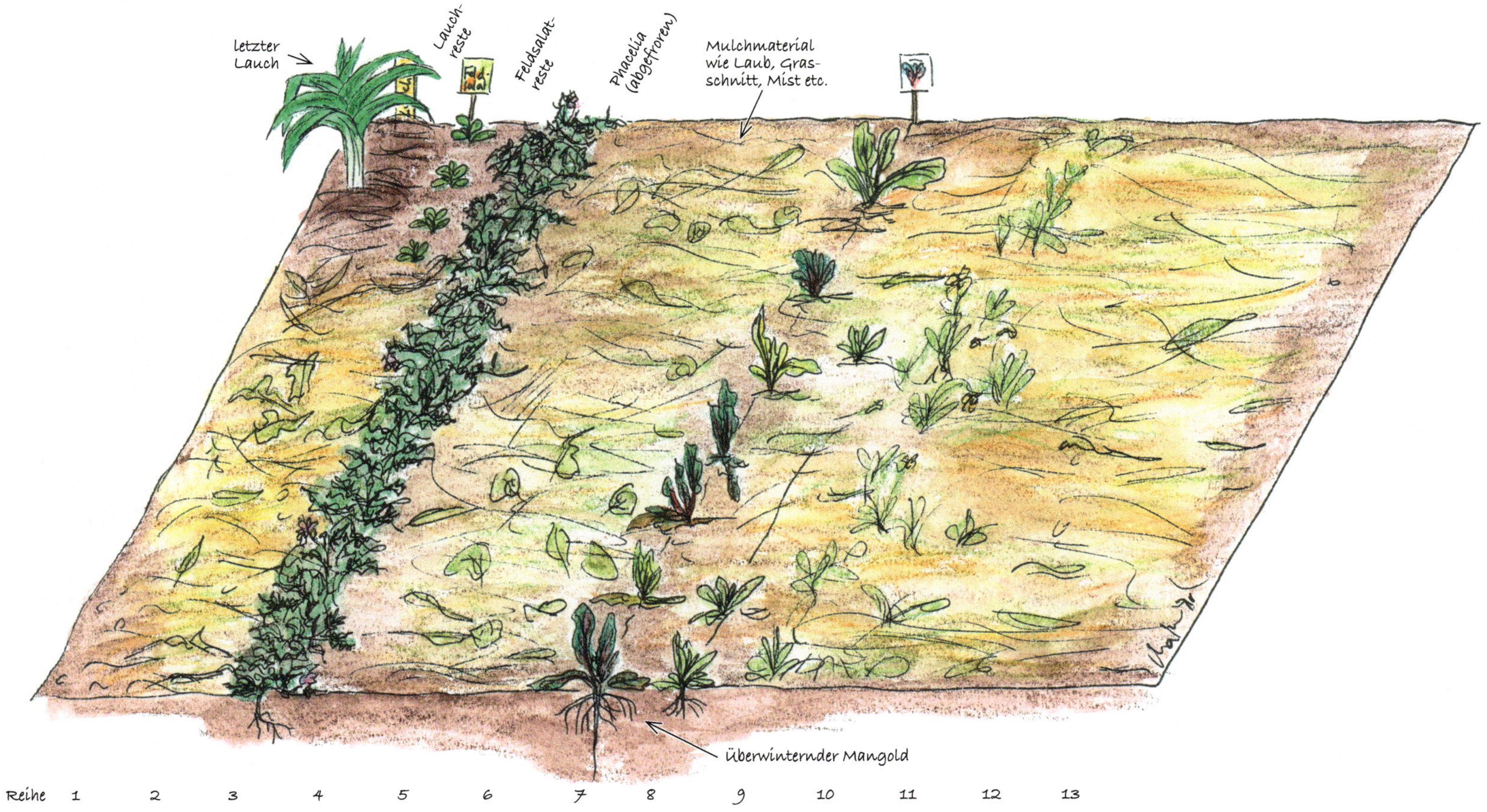

DO IT YOURSELF!
Charlottes & Walburgas Gartenideen

Wer neben der Bewältigung der alljährlich anfallenden Laubberge noch Energie hat, kann für tierische Gartenbewohner und -besucher Nistmöglichkeiten und Futterangebote ganz einfach selber herstellen.

Walburgas Ideen zur Laubverwertung

Jeden Herbst pünktlich zum Blattfall machen sich viele Gärtner Gedanken über das Laub. Wohin nur damit? Freuen Sie sich über das gefallene Laub, es ergibt den besten Kompost für Ihre Beete. Dabei spielt es überhaupt keine Rolle, um welche Art von Laub es sich handelt. Selbst das als schwer verrottend geltende Laub der Walnussbäume lässt sich verwerten.

Ich möchte Ihnen hier gerne ein paar Erfahrungstipps weitergeben, die ich in meinen Gärten gemacht habe. Wir haben sieben große Walnussbäume im gesamten Hofraum stehen, die regelmäßig Massen an Laub fallen lassen. Also musste ich mir etwas einfallen lassen. Wenn die Blätter trocken sind, reche ich sie zu großen Schwaden zusammen. Einen Teil nehme ich, gemischt mit Stroh, altem Heu oder Sägemehl als Einstreu für Hühner, Enten und Schweine. Das Walnusslaub dient so auch als natürlicher Schutz gegen Parasiten. Die Mischung wird ca. 15 bis 20 cm hoch aufgeschichtet, bei den Schweinen gerne auch etwas höher. Die Blätter sinken mit der Zeit zusammen und bilden so eine gute Isolationsschicht auf dem Boden. Mit Mist vermischt kommt diese dann im Frühling in dünnen Schichten auf den Kompost oder auch direkt als Mulchschicht unter Sträucher.

Walnusslaub – hier gemischt mit Mist und Stroh – kann gut als Mulchdecke unter den Beerensträuchern angehäuft werden.

Einen weiteren Teil verteile ich sofort im Beerengarten unter den Sträuchern. Ich habe meine Beeren in Reihen gepflanzt, so entsteht durch das Aufschichten der Blätter zwischen den Sträuchern ein richtiger Wall. Dieser Wall wird im Frühling noch durch strohigen Mist und im Sommer durch Grasschnitt ergänzt. So sind die Sträucher immer mit einer dicken Mulchschicht versorgt. Diese schützt die flach wurzelnden Beeren vor dem Austrocknen (ich gieße die Sträucher im Sommer nicht) und gleichzeitig wird einiges an Wildwuchs unterdrückt. Über die Jahre ist so eine dicke Humusschicht entstanden, die Jahr für Jahr weiterwächst. Der letzte Teil bleibt auf den Schwaden liegen bis zum Frühjahr, er dient Insekten und Kleingetier als Winterquartier. Im Spätwinter werden dann auch diese Reste unter Sträucher und Hecken verteilt.
Mein Fazit: Walnusslaub lässt sich vielseitig im Garten verwenden und braucht nur etwa ein Jahr, um fast vollständig zu verrotten. Übrig bleiben immer noch ein paar Blattstängel, aber das stört nicht und die Blütensträucher und Beerenhecken fühlen sich wohl damit.

Charlottes Insektenhotel – einfach selbstgemacht

Aus ca. 30 gebrauchten, langen Dosen lassen sich im Handumdrehen einfache Bleiben für Wildbienen basteln. Beim herbstlichen Aufräumen und Schneiden fällt schnell genügend Material an. Geeignet sind alle hohlen Stängel oder solche mit weichem Kern, der von den Tieren ausgefressen oder ausgekratzt werden kann – junge Holunderäste, abgetragene Brombeerranken, dürre abgestorbene Stängel von Federmohn, Königskerze, Engelwurz und vieles mehr. Man schneidet das Material so zurecht, dass noch etwa 10 cm aus der offenen Dosenseite ragt, und hängt es im Frühjahr aus – mit einer Kordel oder Schnur am Gartenzaun oder Schuppen mit der Öffnung nach Osten.

Vogelfutter in der Tasse: Das Stöckchen dient als Sitzhilfe.

Dosenhotel am Gartenzaun – auch ein schönes Mitbringsel für andere Insektenfreunde.

Walburgas Vogelfutter in Tassen

Durch das vielfältige Nahrungsangebot an Beeren, Samen und Früchten sind die heimischen Vögel bei uns fast das ganze Jahr über gut versorgt. Bis weit in den Winter hinein hängen noch die letzten Äpfel an den Bäumen und die übrigen Samen von Sonnenblumen, Hirse und Heckenrosen dürfen geplündert werden. In den wenigen Wochen, in denen die Tiere nichts finden, füttern wir zu. Dazu sammle ich übers Jahr trockene Brotkrümel (wenig), Lein und Sonnenblumenkerne, die von den Brötchen fallen, und Samen, die nicht mehr keimfähig sind. Diese werden zusammen mit Haferflocken, eventuell Getreideschrot oder Kleie gemischt und mit so viel ausgelassenem Rindertalg gemischt, bis alle Zutaten gut getränkt sind, aber nicht im Fett schwimmen. In alte Tassen füllen, Stöckchen als Sitzhilfe reinstecken, erkalten lassen und katzensicher aufhängen.

DIE GUTEN INS TÖPFCHEN
Ernten & Rezeptideen

Ein Selbstversorgergarten ist niemals leer, das ganze Jahr über gibt es immer etwas zu ernten. Auch im Spätherbst kann man noch aus dem Vollen schöpfen und laufend frisches Gemüse und Salat für die Küche holen. Da das Wetter oft nicht mehr so zuverlässig trocken ist, wäge ich im November gut ab, was ich wann noch für den Wintervorrat ernten möchte. Auf den Beeten in meinem Garten stehen noch viele Arten und Sorten von Wintersalaten. Endivien, Schnittzichorien und Schnittsalate werden weiterhin laufend frisch geerntet. Auch die letzten Wirsingpflanzen, die lockeren Köpfe des Butterkohls und das Kehlkraut (eine alte regionale Blattkohlform) bleiben bis zur vollständigen Ernte ohne Geschmacksverlust draußen.

Ernte für den Vorrat

Damit wir auch im Winter bei Schnee frischen Salat zur Verfügung haben, werden die hohen, spitz zugedrehten Zuckerhutpflanzen sowie die kompakten Köpfe des Radicchios eingeschlagen. Dazu warte ich ein paar trockene Tage im November ab. Es ist ein bisschen wie russisches Roulette. Auf der einen Seite sollte man das Ernten so lange wie möglich hinauszögern, um den Frischevorteil zu haben. Auf der anderen Seite weiß man ja nie ganz genau, wann die letzten trockenen Tage sind. Wichtig ist in jedem Fall, dass die Köpfe trocken sind, damit sie nicht vorzeitig im Winterlager faulen. Ich nehme zur Lagerung rechteckige, stapelbare Plastikkisten mit Luftabzugslöchern und Zeitungspapier. Die schönsten und kräftigsten Pflanzen werden mit der Wurzel aus der Erde gezogen. Beschädigte Umblätter werden entfernt und die Wurzel grob von der Erde befreit. Dann schlägt man den Salat mit mindestens doppelblättrigem Zeitungspapier fest ein und legt oder stellt ihn in die Kisten. Die Spitze kann ruhig aus der Zeitung herausschauen. Jetzt gilt es, ein ideales Winterlager zu finden, das heißt, es sollte kühl und frostfrei, aber trocken sein. Nach verschiedenen Versuchen – Keller zu feucht, Abstellraum zu warm – bin ich bei der Garage hängen geblieben. Hier stapele ich die Kisten an der Wand. Wenn es richtig kalt werden sollte, lege ich alte Wolldecken darüber, aber nur dann – Luftzirkulation ist wichtig. So halten sich die Salatpflanzen bis in den Februar. Kleinere Pflanzen bleiben im Garten und werden laufend geerntet. Mit einer Folienabdeckung überstehen sie auch einen Wintereinbruch fast unbeschadet.

Erntevorrat im Gemüsegarten: Rosenkohl ist ein gesundes, nahrhaftes Wintergemüse.

Zuckerhut lässt sich gut in Zeitung eingeschlagen in Kisten lagern.

Einfach haltbar machen

Als lebende Mulchschicht wächst unter meinen Freilandtomaten Neuseeländer Spinat. Er braucht zwar sehr lange zum Keimen, aber wenn er dann mal zum Wachsen kommt, kann er den ganzen Sommer über laufend, bis zum ersten starken Frost, geerntet werden. Die Blätter sind sehr fest, deshalb ernte ich immer nur die ersten Blätter der jeweiligen Triebspitzen. Zusammen mit anderen Spinatsorten aus dem Garten und jungen Brennnesseln ergibt das gesunde Gemüsegerichte aus der Kühltruhe. Dazu zupft man die Blätter ab und blanchiert sie kurz in heißem Wasser. Dann schreckt man sie kalt ab, lässt das Wasser abtropfen und friert sie in Portionsgrößen ein.

Rezeptideen aus Vorrat & Winterbeet

WIRSINGPFANNKÜCHLEIN MIT SPECK

WIR BENÖTIGEN DAZU:

½ Kopf Wirsing
1 Handvoll Petersilie
150 g geräucherte Speckwürfel
3 Eier
150 ml Schmand
200 g Mehl
1 Knoblauchzehe

SO WIRD'S GEMACHT:

→ Wirsing putzen, Strunk entfernen, in grobe Würfel schneiden, in kochendem Salzwasser ca. 5 Minuten blanchieren, kalt abschrecken und abtropfen lassen.
→ Petersilie nur waschen, wenn sie schmutzig ist, grob hacken.
→ Speckwürfel (fetter oder Anschnittreste) klein schneiden, beiseite stellen.
→ Aus den Eiern, Schmand und Mehl einen dicken Pfannenkuchenteig rühren.
→ Knoblauchzehe schälen, durchpressen, untermischen.
→ Wirsing und Petersilie unterheben.
→ Mit Salz, Pfeffer und Muskatnuss würzen.
→ Speck mit wenig Öl in einer Pfanne auslassen und kleine Küchlein darin ausbacken, warm servieren.

Dazu passt Pilzcremesuppe gut!

APFELCHUTNEY MIT INGWER

WIR BENÖTIGEN DAZU:

1 kg Äpfel (am besten aromatisch-säuerliche Sorten wie 'Boskoop' oder 'Topaz')
1 Zitrone (Saft und geriebene Schale)
2 Knoblauchzehen
1 Zwiebel
4 Esslöffel Honig
1 Ingwerzehe gehackt oder gerieben
1 Chilischote
Ca. 200 ml Weißweinessig
1 Teelöffel Currypulver (mild)
3 Esslöffel Öl

SO WIRD'S GEMACHT:

→ Äpfel (mit oder ohne Schale) in kleine Würfel schneiden und mit Zitronensaft beträufeln.
→ Knoblauch, Zwiebel, Chili und Ingwer feinzerhacken.
→ Alles in einen Topf geben und in Öl andünsten.
→ Mit Essig ablöschen, Honig dazugeben, mit Gewürzen abschmecken und ca. 30 Minuten köcheln lassen.
→ Heiß in Schraubgläser abfüllen, schmeckt lecker aufs Brot oder zu Reisgerichten.

Lässt sich nach Geschmack auch lecker mit geraspelten Zucchini, kleingewürfelten Kürbis oder Rosinen ergänzen.

KÜRBISQUICHE MIT ROSENKOHL

WIR BENÖTIGEN DAZU:

100 g Butter
200 g Mehl
2 Esslöffel Joghurt
Prise Salz
Ca. 600 g Kürbis
400 g Rosenkohl
1 kleine Zwiebel
Handvoll Petersilienstängel
3 Eier
200 g Schmand
100 g Bergkäse
Kreuzkümmel, Salz, Pfeffer

SO WIRD'S GEMACHT:

→ Butter, Mehl, Joghurt und Salz zu einem Teig kneten, eventuell etwas kaltes Wasser unterarbeiten, Teig ausrollen und eine Springform damit auskleiden.
→ Kürbis schälen, grob raspeln.
→ Rosenkohl putzen, vierteln, große Rosen besser achteln.
→ Zwiebel schälen, klein schneiden.
→ Petersilie kleinhacken, die Hälfte davon mit den Gemüsezutaten in einer Schüssel mischen, mit Salz, Pfeffer und Kümmel abschmecken.
→ Eier, Schmand und Bergkäse zu einem Guss rühren.
→ Gemüse in der Form verteilen, den Guss darüber geben, im vorgeheizten

Ofen bei Ober- und Unterhitze 180 °C ca. 45 Minuten backen.

→ Vor dem Anschneiden 10 Minuten ruhen lassen, restliche Petersilie darüber streuen.

ROTE-BETE-AUFSTRICH

WIR BENÖTIGEN DAZU:

Ca. 3 EL grob gehackte Walnüsse – in einer Pfanne trocken rösten

1 Knoblauchzehe, 1 Eßl. Olivenöl – Knoblauch kleinschneiden und im Öl weich dünsten

250g Rote Beete – die Wurzeln mit der Schale in Wasser weich kochen, in einem Sieb kurz ausdünsten lassen.

SO WIRD'S GEMACHT:

→ Die gekochten Wurzel kleinschneiden zusammen mit dem gedünsteten Knoblauch, mit einem Stabmixer sehr fein pürieren

→ Mit Salz, frisch gemahlenem Pfeffer, einer Bio Zitrone, davon etwas Saft und ein bisschen abgeriebene Schale – den Aufstrich abschmecken

→ Zuletzt die gerösteten Walnüsse unterheben.

Schmeckt super auf einem kräftigen Roggenbrot, mit etwas Parmesan eignet sich der Aufstrich auch als Soße für Nudeln.

Tipp: bei gekochter, noch warmer Rote Bete lässt sich die Haut einfach wegdrücken, braucht nicht geschält zu werden.

Wirsingpfannküchlein mit Speck.

WAS DIE OMA SCHON WUSSTE
Wertvolles Wissen wiederentdeckt

Arbeitsgeräte pflegen

Als eine der letzten Arbeiten zum Ende des Gartenjahres steht die gründliche Reinigung und Pflege der Gartengeräte an. Obwohl ich nach jedem Gartentag meine Arbeitsgeräte säubere, ist dies eine zusätzliche Maßnahme, die zur Langlebigkeit beiträgt. Auf unserem Hof wurde schon immer auf hochwertiges Werkzeug Wert gelegt. So finden sich bei uns im „Geräteturm" viele Hacken, Spaten und Kraile, die schon der Großvater im Gebrauch hatte. Meist handelt es sich um solide, schwere Schmiedearbeiten, die für die intensive Beanspruchung im bäuerlichen und gärtnerischen Alltag gemacht sind. Werden sie dann auch weiterhin gut gepflegt, dienen sie bestimmt nochmal zwei Generationen als wichtige Arbeitsgeräte.

Meist nutze ich einen der letzten sonnigen, warmen Tage im November. Eine große Wanne wird vor dem Haus aufgestellt und mit warmer Seifenlauge gefüllt. Sämtliche Gerätschaften liegen daneben. Mit einer alten Spülbürste werden vor allem die Holzstiele gründlich vom diesjährigen Gartendreck befreit. Aber auch die Metallteile werden intensiv geschrubbt, hier bildet sich durch Dreck, Wasser und Beanspruchung auch gerne Rost. Die gereinigten Teile werden dann zum Trocknen in der Sonne aufgestellt.

Am nächsten Tag werden dann die trockenen Stiele mit feinem Schmirgelpapier in der Werkstatt geglättet. Durch das Laugenbad wurde die Holzoberfläche etwas aufgeraut. Danach klemme ich die Stiele so in den Schraubstock, dass ich gut zum Beispiel am Metallteil einer Hacke arbeiten kann. Mit einem Schleifstein, der immer wieder etwas befeuchtet wird, fahre ich mit kreisenden Bewegungen über die abgenutzte Kante. Diese Arbeit wird von beiden Seiten ausgeführt, um wieder eine gewisse Schärfe ins Blatt zu bekommen. Manche Stiele sind auch mit den Jahren locker geworden und wackeln im Schaft. Zwischen Stiel und Schaft klopfe ich deshalb mit einem Hammer kleine, schmale Holzstifte. Fängt der Stiel während der Gartensaison an zu wackeln, stelle ich die Hacke einfach eine Stunde in den Brunnentrog.

Am Schluss wird die ganze Hacke mit einem in Salatöl getränkten Lappen eingerieben. Diesen Arbeitsschritt muss man an den Holzteilen oft mehrmals durchführen, bis das Holz kein Öl mehr aufnimmt. An die Wand gelehnt trocknen dann alle Arbeitsgeräte langsam. Anschließend sollten sie bis zum nächsten Arbeitseinsatz im Frühjahr trocken stehen bleiben.

Scheren können ebenfalls einfach geschliffen werden. Dazu die beiden Teile am Gelenk auseinanderschrauben, das ist bei allen hochwertigen Scheren möglich. Nur an der angeschrägten Seite können die Klingen dann geschärft werden. Gehen Sie so vor, wie oben beschrieben. Zusätzlich werden alle Gelenkteile mit dem Multifunktionsöl WD-40 eingesprüht und wieder zusammengeschraubt. Das Öl fungiert gleichzeitig als Schmiermittel, Korrosionsschutz und Reiniger. Ich setze das Öl gerne als schnelle Allzweckwaffe vor allem gegen Rost ein und das nicht nur im Winter.

Gute Pflege sichert die Langlebigkeit häufig benutzter Gartengeräte.

Düngen mit Asche

Die meisten Gartenzeitschriften, Ratgeber oder Internetforen zum Thema warnen vor der Verwendung von Holzasche im Garten. Diese Warnung kann ich nicht ganz nachvollziehen. Schließlich kommt es vor allem auf das Holz und Brennmaterial an, das zu Asche verbrannt wurde. Wir heizen unsere Häuser schon immer mit Holz aus dem eigenen Wald. Ich koche im Winter auf einem Holzherd, das Brot backen wir in einem großen gemauerten Holzofen, unsere Stube wird mit einem Kachelofen geheizt und alle übrigen Räume sind an eine Holzheizung angeschlossen. Bei den vielen Feuerstellen fällt natürlich auch einiges an Asche an. Und was machen wir damit? Wir verwenden sie, wie schon viele Hofbewohner vor uns. Und das aus einfachem Grund, ich weiß ja was drin ist. Dass Asche, die ich in den Garten bringe, nur von unbehandeltem Holz stammt, versteht sich von selbst. Asche ist reich an Mineralstoffen und Spurenelementen, an vorderster Stelle Calciumoxid, und ist dank ihres hohen pH-Wertes als basisch einzustufen. Wir haben einen schweren, sauren und lehmigen Boden, der ab und zu eine Kalkung bekommen müsste. Bei mir im Garten übernimmt das die Asche. Den ganzen Winter über verteile ich diese dünn auf den freien Beetflächen – auch wenn Schnee darauf liegt. Besonders Kartoffeln mögen Asche im Boden, ebenso Karotten und Sellerie. Allgemein bekannt ist auch ihre desinfizierende Wirkung bei Schnittwunden an Pflanzen (Stecklinge). Meiner Erfahrung nach lässt sich diese positive Eigenschaft auch bei der pilzhemmenden Wirkung im Boden spüren und trägt so zu einer nachhaltigen „Entseuchung“ der Flächen bei. Unter dem Jahr fallen nur kleine Mengen aus dem Brotbackofen an, die ich in dünnen Schichten über meinen Kompost verteile. Auch meine Beerensträucher, die Stauden und vor allem die Zwiebelblumen mögen ab und zu eine Aschegabe.

Fazit: Asche kann auf dem Kompost und im Garten eine wertvolle Substanz für den Gärtner sein, aber nur, wenn sie von unbehandeltem Holz stammt und nichts im Ofen verbrannt wurde, was dort nicht hineingehört, wie Plastik oder bedrucktes Hochglanzpapier.

SERVICE

Hier wollen wir Ihnen bewährte und leckere Sorten empfehlen, Bezugsquellen nennen, gute Bücher zu verschiedenen Gartenthemen ans Herz legen und noch ein paar Extratipps mit auf den Weg geben. Als Anregung, zum Ausprobieren und Weiterlesen.

SORTENLISTE

SORTEN, DIE WIR ANBAUEN, LECKER FINDEN UND EMPFEHLEN KÖNNEN

Art	Sorten	Kurzbeschreibung	Bezugsquellen
Andenbeere, Physalis	Schönbrunner Gold	*wuchsfreudige Andenbeere mit großen, süßsäuerlichen, goldgelb-orangenen Früchten, lange Kulturdauer bei Eigenanzucht beachten*	Bingenheimer Saatgut
Buschbohne	Filetbohne Delinel	*lange, zarte grüne Hülsen, lange Ernteperiode*	Dreschflegel
	Purpel Teepee	*blaue Bohne wird beim Kochen grün, Hülsen wachsen ernteerleichternd z. T. über dem Laub*	Dreschflegel
Trockenbohne, Buschform	Eisbohne	*schmeckt sehr gut, verträgt kühlere Temperaturen*	Dreschflegel
Stangenbohne	Blauhilde	*ertragreiche, wüchsige alte Sorte mit blauen, feinschmeckenden Hülsen, die beim Kochen grün werden*	Bingenheimer Saatgut
	Lippoldsberger Weiße Perle	*Hülsen werden nur ca. 8–10 cm lang, toller Geschmack, wird aber sehr hoch, ca. 2,5 m*	Dreschflegel
Stangenbohne, Feuerbohne		*rotblühend, die großen flachen Hülsen werden geschnippelt verwendet*	Dreschflegel
Dicke Bohne	Hangdown	*recht robust und ertragreich, grüne Bohnenkerne*	Bingenheimer Saatgut
Kapuzinererbse	Ostfriesische Felderbse	*rosa blühende, graue, niedrig wachsende Erbse*	Dreschflegel
Markerbse	Wunder von Kelvedon	*niedrige Sorte (60–80 cm), Reiser aber zu empfehlen*	Dreschflegel, Bingenheimer
Zuckererbse	Ambrosia	*süße, knackige, gesundwüchsige Zuckererbsen*	Bingenheimer Saatgut
	Sweet Golden	*lilarosa Blüten, gelbe Schoten*	Dreschflegel
	Holländischer Breitblättriger	*große, längliche Blätter*	Dreschflegel
	Verte à coeur plain 2	*robuste, gesunde Freilandsorte für Herbst- und Überwinterungsanbau*	Bingenheimer Saatgut
	Rote Gartenmelde	*tolle, purpurrote Farbe, wunderschön in Beet, Salat oder Pfanne*	Bingenheimer Saatgut
Einlegegurke	Vorgebirgstrauben	*leckere, wüchsige Einlegegurke mit vielen knackigen, kleinen Früchten, auch roh lecker*	Bingenheimer Saatgut
Salatgurke	Tanja	*bitterfreie, schlanke Sorte, für Freilandanbau*	Dreschflegel, Bingenheimer Saatgut
Haferwurzel, Haferwurz		*keine speziellen Sorten*	Dreschflegel, Bingenheimer Saatgut
Karotte, Möhre	Duwicker	*kurze, leckere, alte Sorte*	Dreschflegel
	Milan	*knackig-frisch, möhrig-aromatisch, süß*	Bingenheimer Saatgut
	Pfälzer Gelbe	*gelb, kräftiger Geschmack, Lagerkarotte*	Dreschflegel
	Rodelika	*vollmundig, aromatisch, saftig, süß*	Bingenheimer Saatgut

Art	Sorten	Kurzbeschreibung	Bezugsquellen
Karotte, Möhre	Rote Riesen	*große, orangene Lagerkarotte*	Dreschflegel
Kartoffel	Annabelle	*gelbfleischige, festkochende Frühkartoffel, sehr guter Geschmack*	Biogartenversand Hof Jeebel, Ellenberg's Kartoffelvielfalt
	Bamberger Hörnchen	*alte Regionalsorte, relativ klein, hörnchenförmig, aber sehr lecker*	Biogartenversand Hof Jeebel
	Mayan Twilight	*rotgelb gefleckte, längliche Kartoffel mit sattgelbem, sehr schmackhaftem Fleisch*	Biogartenversand Hof Jeebel
	Rosara	*rotschalige, gelbfleischige Sorte, unkompliziert und ertragreich*	Biogartenversand Hof Jeebel
	Rote Emmalie	*durch und durch rote Kartoffel, vorwiegend festkochend, gut für Püree geeignet*	Biogartenversand Hof Jeebel, Ellenberg's Kartoffelvielfalt
Butterkraut	Goldberg	*hellgrüner, wirsingartiger Kohl, angenehmer Geschmack, buttrigzarte Blätter, winterfest*	Dreschflegel
Kohlrabi	Azur Star	*sehr hübsche lila Sorte, feiner Geschmack, Frühsorte*	Bingenheimer Saatgut
	Noriko	*hellgrün, Frühsorte*	Bingenheimer Saatgut
	Superschmelz	*sehr feiner, riesig werdender Kohlrabi, wird nicht holzig*	Bingenheimer Saatgut
Rosenkohl	Hilds Ideal	*hohe, winterharte Sorte*	Dreschflegel
Rotkohl	Marner Lagerrot	*feste, kleinere Köpfe, Lagerkraut bis Frühjahr*	Dreschflegel
Weißkohl	Filderkraut	*alte, weiche und saftige Einlegesorte mit sehr feinem Geschmack*	Bingenheimer Saatgut
	Marner Lagerweiß	*feste, kleine Köpfe, Lagerkraut bis Frühjahr*	Dreschflegel
Hokkaidokürbisse	Green Hokkaido	*grüne, sehr leckere Hokkaidosorte*	Bingenheimer Saatgut
	Red Kuri	*rotorangene Hokkaidosorte mit feinem Kürbisaroma*	Bingenheimer Saatgut
Lauch	Blaugrüner Winter	*dicke Stangen, sehr winterhart, Ernte bis im April, langsam wachsend*	Dreschflegel, Bingenheimer Saatgut
Mangold	Feurio	*leuchtend rote Stiele, dunkelrote Blätter, guter Geschmack*	Bingenheimer Saatgut
	Lucullus	*hellgrün, sehr winterhart, robust*	Bingenheimer Saatgut
	Rainbow	*ansprechende, bunte Mangoldsorte*	Bingenheimer Saatgut
Chili	Lila Lucy	*schöne, bunte Chilisorte über Lila, Weiß, Gelb oder Orange nach Rot abreifend, mittlere Schärfe*	Bingenheimer Saatgut
Paprika	Sweet Chocolate	*sehr gute Freiland-Sorte mit schokoladenbraunen reifen Früchten*	Dreschflegel
	Paradeisfrüchtige, Rondero	*flachrunde, rot ausreifende Früchte mit leckerem Aroma, auch für Freiland geeignet*	ReinSaat
Pastinake	Aromata	*lange, helle Pastinaken mit feinem Aroma*	Bingenheimer Saatgut
	Dicke Dirn	*keilförmige, große Wurzeln, leichteres Ernten*	Dreschflegel
Radieschen	Riesenbutter	*rot, zart, kann auch im Sommer angebaut werden*	Dreschflegel

Art	Sorten	Kurzbeschreibung	Bezugsquellen
	Sora	*intensiv rettichscharf, schmackhaft, wüchsig*	Bingenheimer Saatgut
Sommerrettich	Neckar Ruhm	*weiß, schlank*	Dreschflegel
Winterrettich	Runder Schwarzer Winter	*weißfleischig, kugelig, mit kohlschwarzer Schale*	Dreschflegel
	Forono	*walzenförmige Rüben, angenehmer Geschmack*	Dreschflegel, Bingenheimer
	Rote Kugel	*alte, bewährte Sorte*	Dreschflegel
Bindesalat	Forellenschluß	*hochschließende, getupfte Köpfe*	Dreschflegel
Eichblattsalat	Red Salad Bowl	*knackig-zarter roter Eichblattsalat mit lockeren Köpfen, nicht ganz so schneckenfraßgefährdet*	Bingenheimer Saatgut
	Till	*kleine Köpfe mit hellgrün gezackten Blättern*	Dreschflegel
Eissalat	Rossia	*spitz zugedrehte große Köpfe, gute Lagerfähigkeit*	Dreschflegel
Kopfsalat	Maikönig	*alte, bewährte Frühjahrssorte*	Dreschflegel
Pflücksalat	Amerikanischer Brauner	*rotbraune, robuste Blätter*	Dreschflegel
	Gelber Krauser	*gezacktes, hellgrünes Blatt*	Dreschflegel
	Ochsenzunge	*schmale, grünbraune Blätter, spät schießend*	Dreschflegel
Radicchio	Zuckerhut	*spitz zugedrehte große Köpfe, gute Lagerfähigkeit*	Dreschflegel, Bingenheimer
Stangensellerie	Pascal	*aromatisch, winterhart*	Dreschflegel
Spinat	Verdil	*raschwüchsige, sattgrüne Sorte für Herbst- und Überwinterungsanbau unkompliziert*	Bingenheimer Saatgut
	Matador	*große grüne Blätter*	Dreschflegel
Tomate	Berner Rose	*Fleischtomate, hellrot bis rosa, mit zarter Haut und feinem Geschmack*	Bingenheimer Saatgut
	Black Cherry	*sehr leckere, süße, dunkellila Cocktailtomate*	Bingenheimer Saatgut
	Green Zebra	*sehr aromatische, grün-gelb gestreifte, weichschalige Tomate für Soßen oder Salat*	Biogartenversand Hof Jeebel
	Waltingers Cocktailtomate	*knallrot, super ertragreich, knackig süß*	Dreschflegel
Freilandtomate	Fredi	*ovale, orange, süße Cocktailtomate*	Dreschflegel
	Hellfrucht	*hellrote Früchte, solider Geschmack*	Bingenheimer Saatgut
	Matina	*schmackhafte rote Tomate*	Bingenheimer Saatgut
	Resi	*robust, lecker*	Dreschflegel
	Rote Murmel	*murmelgroße, rote, sehr süße Wildtomate*	Bingenheimer Saatgut
	Trixi	*rote Cocktailtomate, aromatisch-süß, sehr lecker*	Bingenheimer Saatgut
Zucchini	Gold Rush	*gelbschalig mit zartgelbem Fleisch, schmeckt auch roh*	Bingenheimer Saatgut
	Zuboda	*dunkelgrüne, ertragreiche Sorte*	Bingenheimer Saatgut
Zwiebel	Stuttgarter Riesen	*plattrunde, alte Lagersorte*	Bingenheimer Saatgut

Die angegebenen Sorten sind natürlich samenfest. Viele Sorten kann man auch woanders erhalten; wir haben hier unsere Bezugsquelle(n) angegeben.

ADRESSEN UND BEZUGSQUELLEN FÜR BIOLOGISCHES SAAT- UND PFLANZGUT

Die folgenden Angaben erheben keinen Anspruch auf Vollständigkeit, es sind eher Beispiele, wo wir unser Saatgut und (besondere) Sorten beziehen – gentechnikfrei, samenfest und biologisch. Grundsätzlich lohnt es sich, lokale Pflanzenmärkte, Saatgutmessen, -festivals, Pflanzentauschbörsen, Schaugärten und sonstige Veranstaltungen zum Thema Garten & Pflanzen zu besuchen.

Bingenheimer Saatgut AG
Kronstr. 24
61209 Echzell
Tel.: +49 (0) 6035 1899-0
E-Mail: info@bingenheimersaatgut.de
https://www.bingenheimersaatgut.de
Umfangreiches Saatgut von Gemüse, Kräutern und Blumen, saisonal auch Steckzwiebeln, Knoblauch, Blumenzwiebeln, Jungpflanzen – in Bio- und Demeterqualität, natürlich alles samenfest. Enge Zusammenarbeit mit Kultursaat, einem Verein zur Züchtung biologisch-dynamischer Sorten on farm.

Dreschflegel GbR
In der Aue 31
37213 Witzenhausen
Tel.: +49 (0) 5542 502744
E-Mail: info@dreschflegel-saatgut.de
Internet: www.dreschflegel-saatgut.de
Zusammenschluss und gemeinsamer Samenvertrieb von verschiedenen Gärtnern, die auf ihren Höfen biologisches Saatgut für den Hausgarten und Selbstversorgerbereich vermehren und züchten. Robuste und gut nachbaufähige Sorten stehen dabei im Vordergrund. Die Gesellschafter setzen sich für den Erhalt alter Sorten und der Kulturpflanzenvielfalt ein.

Bioland Hof Jeebel
Biogartenversand OHG
Jeebel 17
29410 Salzwedel OT Jeebel
Tel.: +49 (0)3 90 37 – 7 81
E-Mail: info@biogartenversand.de
Biogartenversand mit umfangreichem Sortiment an allem, was man als (biologischer) Gärtner so braucht: Saatgut und Pflanzenmaterial, zahlreiche Kartoffelsorten, Gehölze, Arbeitsgeräte, Fachbücher,...

ReinSaat® KG
3572 St. Leonhard am Hornerwald 69
Österreich
Tel.: +43 (0)2987 2347
E-Mail: reinsaat@reinsaat.at
https://www.reinsaat.at/
Biologisches, bio-dynamisches und organisch-biologisches Saat- und Pflanzgut, alte und interessante Sorten, eigene Züchtungen.

Sativa Rheinau AG
Klosterplatz 1
CH 8462 Rheinau
Tel.: +41 52 30491 60
E-Mail: sativa@sativa-rheinau.ch
Internet: www.sativa-rheinau.ch

Neben eigenem Saatgutanbau auch Erhaltungs- und Neuzüchtung von vielen Sorten. Im Katalog/Shop angebotene Samen werden alle in Europa angebaut. Haben Sorten von ProSpecieRara (Schweizer Verein zur Erhaltung alter und regionaler Sorten) und Sorten mit Bioverita-Siegel (Sorten aus biologischer oder biodynamischer Züchtung) im Sortiment.

Ellenberg's Kartoffelvielfalt GbR
Ebstorfer Straße 1
29576 Barum
Tel.: +49 (0)5806-304
E-Mail: info@kartoffelvielfalt.de
https://www.kartoffelvielfalt.de
Vielfältige und bunte Auswahl an alten, beliebten, besonderen Kartoffelsorten. Eigener Anbau und Züchtung neuer Sorten.

ZUM WEITERLESEN

Gemüse und Sorten

Heistinger, A./Arche Noah (2010): Handbuch Bio-Gemüse. Sortenvielfalt für den eigenen Garten. Verlag Eugen Ulmer, Stuttgart.
Grundlagenwerk zu Anzucht, Anbau, Sorten etc. von verbreiteten und ungewöhnlichen Gemüsearten mit vielen Tipps und Hinweisen. Nutze ich immer wieder gerne, um für einzelne Kulturen konkrete Details nachzulesen.

Eigener Saatgutgewinn, Saatgutgewinn im Hausgarten

Heistinger, A./Arche Noah/Pro Specie Rara (2010): Handbuch Samengärtnerei. Sorten erhalten. Vielfalt vermehren. Gemüse genießen. Löwenzahn Verlag, Österreich.
Umfangreiches Standardwerk zu Saatgutgewinn im Haus-, aber auch Erwerbsgartenbereich. Mit vielen Tipps, Empfehlungen und Erklärungen. Ausführliche Beschreibung des Samenbaus für gewöhnliche und ungewöhnliche Arten. Für ambitioniertere Samenselberanbauer.

Geier, B. (1996): Biologisches Saatgut aus dem eigenen Garten. Premio Verlag.
Eines der ersten oder das erste Buch zu Saatgutgewinn im Hausgarten, einfach und gut beschrieben, mit Bildern und Skizzen. Super zum Einstieg und zur grundsätzlichen Beschäftigung mit dem Thema. Leider nur noch antiquarisch erhältlich, lohnt sich aber.

Obstbäume und Beerensträucher: Sorten, Pflege, Schnitt

Maurer, J./Kajtna, B./Heistinger, A./Arche Noah (2017): Handbuch Bio-Obst. Sortenvielfalt erhalten. Ertragreich ernten. Natürlich genießen. Löwenzahn Verlag, Österreich.

Schmid, H. (2008): Obstbaumschnitt. Kernobst – Steinobst – Beerenobst. Verlag Eugen Ulmer, Stuttgart.
Übersichtlich, verständlich, mit vielen Fotos und Detailzeichnungen.

Bauerngarten

Hohenberger, E. (2005): Der Bauerngarten im Wandel der Zeiten. Den Garten aus seiner Geschichte verstehen lernen. Obst- und Gartenbauverlag, München.
Kurzes Heftchen zum Bauerngarten als Gartenform und Begriff, unterhaltsam geschrieben, mit allen wichtigen Hintergründen, über das Klischee hinaus.

Zwei Bücher, die sich wissenschaftlich fundiert, aber gut lesbar mit regionalen Bauerngärten beschäftigen. Mit schönen Bildern, viel Fachwissen nebenher und frei von Kitsch:

Canestrini, M. (2012): Bauerngärten in Südtirol. Folio Verlag, Wien-Bozen.

Vogl-Lukasser, B. (2007): Übern Zaun g'schaut. Osttiroler Bäuerinnen und ihre Gärten. Tyrolia-Verlag, Innsbruck-Wien.

Erntegut haltbar machen

Lang, U. (2012): Dörren, Trocknen und Kandieren. Das Rezeptbuch. BLV, München.

Obermair, M./Schneider, R. (2014): Haltbar machen. Gemüse, Kräuter, Pilze. Leopold Stocker Verlag, Graz.

Bestimmungsratgeber

Der Kosmos-Pflanzenführer. Über 900 Blumen, Bäume und Pilze, Kosmos, Stuttgart.

Golte-Bechtle, M./Spohn, R./Spohn, M. (2015): Was blüht denn da? Kosmos, Stuttgart.

Krämer, B. P. (2016): Steinbachs großer Pflanzenführer. Blumen, Sträucher, Bäume. Verlag Eugen Ulmer, Stuttgart.

SONSTIGES ZUM ANSCHAUEN, INFORMIEREN UND INSPIRIEREN LASSEN

Netzwerk Kräuter-Regio in Baden Württemberg:

Das Netzwerk Bauerngarten- und Wildkräuterland Baden e.V. ist ein Zusammenschluss von Kräuterpädagogen, Bauerngärtnerinnen, Phytotherapeuten, Naturpädagogen, Natur- und Gästeführern sowie weiteren Natur- und Pflanzeninteressierten.
In dem 2009 gegründeten Verein fließen altes und neues Pflanzenwissen, jahrelange Erfahrungen und vielseitige Fachkompetenz zu einem großen Wissensfundus zusammen.

Der Verein und seine Mitglieder bieten an:

- Wildkräuterexkursionen
- Heilpflanzenseminare
- Fachvorträge
- Mehrtägige Kräuter- und Gartenkurse
- Organisation von Bauerngarten-Exkursionen für Gruppen und Vereine
- Kräuter- und Teegenüsse besonderer Art und Qualität

Bauerngarten- und Wildkräuterland Baden e.V. kraeuter-regio.de

Besondere Veranstaltungen:

- Tag des offenen Bauerngartens im Juli der geraden Jahre
- Vertretung auf Naturpark-Märkten
- Badischer Kräutertag im Naturpark im Frühsommer der ungeraden Jahr

Gemeinnützige Vereine und NGOs:
Die sich für den Erhalt alter, regionaler, besonderer Sorten und der Kulturpflanzenvielfalt stark machen beziehungsweise neue Sorten züchten:

Arche Noah, Österreich – Gesellschaft für die Erhaltung der Kulturpflanzenvielfalt & ihre Entwicklung: https://www.arche-noah.at/

ProSpecieRara, Schweiz – Schweizerische Stiftung für die kulturhistorische und genetische Vielfalt von Pflanzen und Tieren: https://www.prospecierara.ch/de/home

VEN – Verein zur Erhaltung der Nutzpflanzenvielfalt e. V., Deutschland – Saatgutliste mit Saatgut von alten Sorten, Raritäten etc. im Internet: https://www.nutzpflanzenvielfalt.de

Kultursaat e. V. – Verein für Züchtungsforschung und Kulturpflanzenerhaltung auf biologisch-dynamischer Grundlage: https://www.kultursaat.org/

Kreatives aus Weide – Flechtkurse und Seminare:
Hubert King
Lienberg 23
78713 Schramberg/Sulgen
Tel.: +49 (0)173 7010172
www.kreatives-aus-weide.de
In den Wintermonaten werden wöchentlich ganztägige Flechtkurse angeboten. Hier entstehen mit professioneller Anleitung tolle Rankgerüste und allerhand Dekoratives und Nützliches für den Garten.

Höfenhof
Termine für Besichtigungen, Seminare, Veranstaltungen von Walburga Schillinger erfahren sie unter www.hoefenhof.de

REGISTER

DANK

Dank an alle befreundeten GärtnerInnen und interessierte Gartenbesucher, die mit ihren Fragen, Anregungen und ihrem Feedback dieses Buch maßgeblich bereichert haben.
Danke auch an unsere Familien, insbesondere an unsere Männer, die die Arbeit an diesem Buch durch ihre Unterstützung ermöglicht und uns immer wieder bestärkt und ermuntert haben.
Gewidmet ist das Buch unseren Kindern, von denen die einen schon längst einen eigenen Garten haben, die anderen gerade erst anfangen, die Faszination und Freude des grünen Glücks kennenzulernen!

BILDQUELLEN

Das Titelfoto und alle in diesem Buch abgedruckten Fotos stammen von Christiane Bach, außer:
Kalena Leo: S. 10.
Pohse, Charlotte: S. 15, 19, 20, 25, 29, 31 u., 36 l., r., 37 l, m, r., 53 r., 69, 72 u., 87, 88, 92, 94, 103, 105 r., 141, 149, 157, 158.
Schillinger, Walburga: S. 16, 21, 23, 26, 31 o., 33, 35 o., u., 53 l., 59, 62, 67, 71, 73, 75, 81 l., r., 91 r., 95, 96, 98, 100 u., 101, 105, 110 l., r., 112, 115, 121 u., 123, 126, 170, 171, 174, 175 r.
Flora Press/Christine Ann Föll: S. 78.

Alle in diesem Buch abgedruckten Zeichnungen fertigte Charlotte Pohse.

IMPRESSUM

Bibliografische Information der Deutschen Nationalbibliothek
Die Deutsche Nationalbibliothek verzeichnet diese Publikation in der Deutschen Nationalbibliografie; detaillierte bibliografische Daten sind im Internet über http://dnb.d-nb.de abrufbar.

Wollgrasweg 41, 70599 Stuttgart (Hohenheim)
E-Mail: info@ulmer.de
Internet: www.ulmer.de
Lektorat: Bettina Brinkmann, Alessandra Kreibaum
Herstellung: Silke Reuter
Umschlag-Gestaltung: Michaela Mayländer, Stuttgart
Layout & Satz: Michaela Mayländer, Stuttgart
Reproduktion: timeRay Visualisierungen, Jettingen
Druck und Bindung: aprinta Druck, Firmengruppe APPL, Wemding
Printed in Germany

ISBN 978-3-8186-0654-1

MIX
Papier aus verantwortungsvollen Quellen
FSC www.fsc.org FSC® C004592